"十四五"新工科应用型教材建设项目成果

新编21世纪高等职业教育精品教材

装备制造类

多轴数控机床编程与加工

主　编◎张　健　肖　冰

副主编◎王炜罡　马旭东　张　浩

参　编◎麻家妮　高　楠　王庆辉

　　　　吴春红　杨天时　庄德新

　　　　王冬雪　杨永修

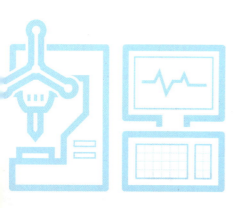

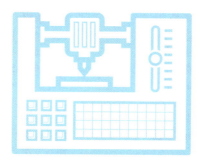

中国人民大学出版社

·北京·

图书在版编目（CIP）数据

多轴数控机床编程与加工/张健，肖冰主编.
北京：中国人民大学出版社，2024.10. -- （新编21世
纪高等职业教育精品教材）. --ISBN 978-7-300-32912
-3

Ⅰ. TG659

中国国家版本馆CIP数据核字第2024QG7283号

“十四五”新工科应用型教材建设项目成果

新编21世纪高等职业教育精品教材·装备制造类

多轴数控机床编程与加工

主　编　张　健　肖　冰
副主编　王炜罡　马旭东　张　浩
参　编　麻家妮　高　楠　王庆辉　吴春红　杨天时　庄德新　王冬雪　杨永修
Duozhou Shukong Jichuang Biancheng yu Jiagong

出版发行	中国人民大学出版社		
社　　址	北京中关村大街31号	**邮政编码**	100080
电　　话	010 - 62511242（总编室）	010 - 62511770（质管部）	
	010 - 82501766（邮购部）	010 - 62514148（门市部）	
	010 - 62515195（发行公司）	010 - 62515275（盗版举报）	
网　　址	http://www.crup.com.cn		
经　　销	新华书店		
印　　刷	唐山玺诚印务有限公司		
开　　本	787 mm×1092 mm　1/16	**版　　次**	2024年10月第1版
印　　张	12	**印　　次**	2024年10月第1次印刷
字　　数	278 000	**定　　价**	42.00元

党的二十大报告指出，教育、科技、人才是全面建设社会主义现代化国家的基础性、战略性支撑。教育是国之大计、党之大计。职业教育是我国教育体系的重要组成部分，肩负着"为党育人、为国育才"的神圣使命。本教材以习近平新时代中国特色社会主义思想为指导，深入贯彻落实党的二十大精神，将思想道德建设与专业素质培养融为一体，着力培养爱党爱国、敬业奉献，具有工匠精神的高素质技能人才。

随着国民经济的快速发展，国家对高端制造业的需求越来越高，尤其是在航空航天、船舶、汽车、医疗等领域，传统的三轴加工已经不能满足复杂零部件的生产需求，多轴加工已成为复杂零部件生产不可或缺的加工手段，为此对掌握多轴加工技术工艺、编程、操作方面人才的需求日益增长。针对这种情况，编者根据多年的教学、大赛等经验，借鉴德国双元制 AHK 金属切削工的培养模式，编写了本书。

本书共有六个学习任务。前三个任务分别为任务一"环形孔零件的加工"、任务二"连接杆零件的加工"、任务三"固定孔零件的加工"，主要讲解零件多轴加工的手工编程，从三轴编程如何转变为四轴编程，如何应用子程序、宏程序等知识解决四轴加工问题；后三个任务在设置上参考了"多轴数控 1+X 加工职业技能等级证书（中级）"、全国职业院校技能大赛高职组"数控多轴加工技术"赛项的考核要点，分别为任务四"凸轮套零件的加工"、任务五"凸轮槽零件的加工"、任务六"风扇零件的加工"，主要讲解多轴零件的自动编程，对复杂零件的建模、工艺分析、刀路制作等方面进行详细的阐述。

本书由张健、肖冰任主编，张健编写了任务一、任务五；肖冰编写了任务二；王炜罡编写了任务三、任务六；张浩编写了任务四；马旭东、麻家妮、王庆辉编写了任务二的拓展知识部分；吴春红、杨天时、杨永修编写了任务五的拓展知识部分，高楠、庄德新、王冬雪编写了任务六的拓展知识部分。

本书编写过程中，得到了长春汽车职业技术大学领导、吉林交通职业技术学院杨天时、吉林省工业技师学院高楠、吉林铁道职业技术学院庄德新、吉林工程职业学院王冬雪、中国第一汽车集团有限公司杨永修的大力支持和帮助，在此表示衷心的感谢！

由于编者水平有限，书中难免有错误和欠妥之处，恳请广大读者批评指正。

编　者

目 录

任务一
环形孔零件的加工

任务二
连接杆零件的加工

任务三
固定孔零件的加工

任务四
凸轮套零件的加工

任务五
凸轮槽零件的加工

任务六
风扇零件的加工

任务图纸

环形孔零件的图纸如图 1-1 所示。

环形孔零件的加工

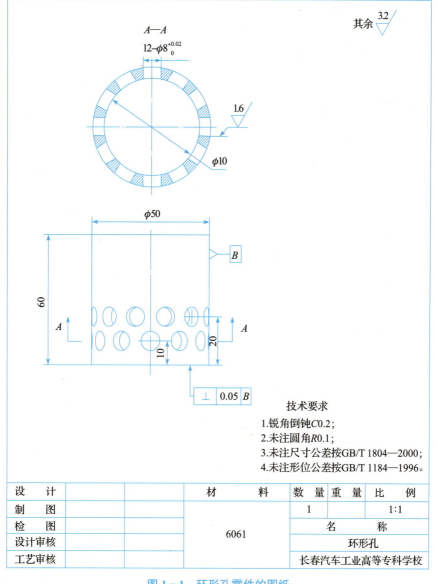

$A—A$

$12-\phi 8^{+0.02}_{0}$

3.2

其余

1.6

$\phi 10$

$\phi 50$

B

60

A

A

20

10

$\perp$ | 0.05 | B

技术要求

1. 锐角倒钝C0.2；
2. 未注圆角R0.1；
3. 未注尺寸公差按GB/T 1804—2000；
4. 未注形位公差按GB/T 1184—1996。

设　计			材　　　料		数　量	重　量	比　　例
制　图					1		1:1
检　图			6061		名　　称		
设计审核					环形孔		
工艺审核					长春汽车工业高等专科学校		

图 1-1　环形孔零件的图纸

任务要求

本任务是环形孔零件的加工，使用多轴机床加工制作。通过本任务的学习，受训者掌握机床日常维护与操作，学会建立多轴机床坐标系。环形孔零件数量为 30 件，来料加工，材料为 6061 铝合金，毛坯尺寸为 $\phi50mm \times 70mm$、$\phi40mm$ 通孔。根据图 1-1 要求，采用四轴数控铣床进行加工，并完成检验。

素养园地

科技强则国家强，科技兴则国家兴。高水平科技自立自强离不开卓越工程师和高技能人才、大国工匠的支持和保障。技能人才尤其是高技能人是工人阶级队伍中的优秀代表，是我国人才队伍的重要组成部分，是支撑中国制造、中国创造的重要力量，也是实现高水平科技自立自强、破解创新发展难题的"生力军"。

引导问题

一 阅读生产任务单

根据表 1-1 所示的生产任务单可知本任务要加工零件的材料是_____，材料型号是_____。该种材料有何性质和用途？列举该种材料的其他常见牌号。

表 1-1 生产任务单

需方单位名称				完成日期	年 月 日
序号	产品名称	材料	数量	技术标准、质量要求	
1	环形孔零件	6061 铝合金	30 件	根据图纸要求	
2					
3					
生产批准时间	年 月 日	批准人			
通知任务时间	年 月 日	发单人			
接单时间	年 月 日	接单人		生产班组	

二 图纸分析

（1）分析零件图纸，在表 1-2 中写出环形孔零件的主要加工尺寸、几何公差要求及表面质量要求，并进行相应的尺寸公差计算，为零件的编程做准备。

表1-2　环形孔零件公差表

序号	项目	内容	偏差范围 （数值）	备注
1	主要加工尺寸			
2				
3	几何公差要求			
4				
5	表面质量要求			

（2）解释表1-3中标注符号的含义。

表1-3　形位公差符号含义

标注符号	含义
B	
⊥ 0.05 B	

三　工艺分析

1.选择设备

你选择何种数控机床加工该环形孔零件？写出机床型号。

2.确定环形孔零件的定位基准和装夹方式

（1）装夹零件时，应选择_____作为定位基准。

（2）加工环形孔零件应选用何种装夹方式？为什么？

3.确定环形孔零件的加工顺序

依据环形孔的加工内容，在图1-2中标出环形孔零件的加工顺序（用1、2、3⋯标出）。

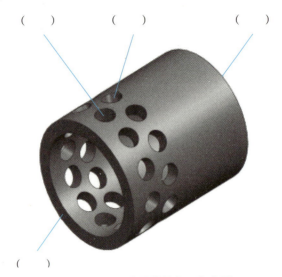

（　　　）　　　（　　　）　　　（　　　）

（　　　）

图1－2　环形孔零件的加工顺序图

4. 选择刀具

数控铣床上常用硬质合金可转位式面铣刀或整体式立铣刀加工端面，如图1－3所示。

（a）可转位式面铣刀　　　　　　　　　　　（b）整体式立铣刀

图1－3　数控铣床常用刀具

本次端面加工应选用 ϕ＿＿＿＿＿＿mm硬质合金铣刀，刀齿数为＿＿＿齿。

5. 确定端面铣削加工路线

（1）端面铣削加工时，旋转轴是否需要旋转？为什么？

（2）绘制环形孔零件两端面加工刀具路线图。

（3）对于端面有较大余量铣削时，两条刀具路径之间的间距如何确定？

（4）数控铣床上孔加工刀具种类较多，常见的有中心钻、钻头、铰刀、镗刀等，如图1-4所示。

（a）中心钻   （b）钻头   （c）铰刀   （d）镗刀

图1-4 数控铣床孔加工刀具

1）加工24个 ϕ8mm 孔时，应选用_____、_____刀具进行粗加工，刀具尺寸分别为 ϕ_____mm、ϕ_____mm；

2）ϕ8mm 孔精度要求较高，应选用_____刀具进行精加工，刀具的规格型号是_____，并在表1-4中圈出孔偏差位置。

表1-4 孔的极限偏差表（部分）

基本尺寸 (mm)		公差带									
		F			G			H			
大于	至	7*	8▲	9*	5	6*	7▲	6*	7▲	8▲	9▲	10*
−	3	16	20	61	6	8	12	6	10	14	25	40
		6	6	6	2	2	2	0	0	0	0	0
3	6	22	28	40	9	12	16	8	12	18	30	48
		10	10	10	4	4	4	0	0	0	0	0
6	10	28	35	49	11	14	20	9	15	22	36	58
		13	13	13	5	5	5	0	0	0	0	0
10	14	34	43	59	14	17	24	11	18	27	43	70
		16	16	16	6	6	6	0	0	0	0	0

注：▲为优先公差带，*为常用公差带，其余为一般用途公差带。

6. 确定切削用量

（1）确定环形孔零件切削用量应考虑哪些问题？

____

（2）确定加工端面切削用量。

1）背吃刀量（a_p）和侧吃刀量（a_e）。

工件端面的加工余量为_____mm，有一定的表面粗糙度（$Ra=1.6\mu m$）要求，为保证工件表面质量，加工时分粗、精加工进行加工。

粗加工背吃刀量 a_p=_____mm，侧吃刀量 a_e=_____mm。

精加工背吃刀量 a_p=_____mm，侧吃刀量 a_e=_____mm。

2）主轴转速（n）。

端面粗加工时切削速度 V_c 取 100m/min，计算主轴转速 n。

$$n=\frac{V_c+1\,000}{\pi D}=\underline{\hspace{5cm}}。$$

端面精加工时切削速度 V_c 取 150m/min，计算主轴转速 n。

$$n=\frac{V_c+1\,000}{\pi D}=\underline{\hspace{5cm}}。$$

3）进给速度（V_f）。

粗加工时每齿进给量 f_z 取 0.1mm/z 时，

$$V_f=f_z z n=\underline{\hspace{5cm}}。$$

精加工时每齿进给量 f_z 取 0.05mm/z 时，

$$V_f=f_z z n=\underline{\hspace{5cm}}。$$

（3）确定孔加工切削用量。

根据任务要求，结合 5-（4）所选择的刀具，查阅表 1-5 至表 1-7 所示的孔加工切削用量表。

表 1-5　孔加工切削用量表 1

中心钻的切削用量			
刀具名称	中心钻公称直径 （mm）	中心钻孔的切削进给量 （mm/r）	中心钻切削速度 （m/min）
中心钻	1	0.02	8～15
	1.6	0.02	8～15
	2	0.04	8～15
	2.5	0.05	8～15
	3.15	0.06	8～15
	4	0.08	8～15
	5	0.1	8～15
	6.3	0.12	8～15
	8	0.12	8～15

表 1 − 6　孔加工切削用量表 2

钻孔的进给量			
钻头直径 d_o（mm）	钢 σ_b（MPa）800 ～ 1 000	铸铁、铜及铝合金 HB ≤ 200	铸铁、铜及铝合金 HB>200
≤ 2	0.04 ～ 0.05	0.09 ～ 0.11	0.05 ～ 0.07
2 ～ 4	0.06 ～ 0.08	0.18 ～ 0.22	0.11 ～ 0.13
4 ～ 6	0.10 ～ 0.12	0.27 ～ 0.33	0.18 ～ 0.22
6 ～ 8	0.13 ～ 0.15	0.36 ～ 0.44	0.22 ～ 0.26
8 ～ 10	0.17 ～ 0.21	0.47 ～ 0.57	0.28 ～ 0.34

表 1 − 7　孔加工切削用量表 3

加工不同材料的切削速度		
加工材料	硬度 HB	切削速度（m/min）
铝及铝合金	45 ～ 105	75
铜及铜合金（加工性好）	124	60
铜及铜合金（加工性差）	124	20
镁及镁合金	50 ～ 90	45 ～ 120
锌合金	80 ～ 100	75
低碳钢（<0.25%）	125 ～ 175	24
中碳钢（0.25% ～ 0.50%）	175 ～ 225	20
高碳钢（0.5% ～ 0.90%）	175 ～ 225	17
合金低碳钢（0.12% ～ 0.25%）	175 ～ 225	21
合金中碳钢（0.25% ～ 0.65%）	175 ～ 225	15 ～ 18

中心钻的切削速度 $V_c =$ _____m/min。

$n =$ _____。

钻头切削速度 $V_c =$ _____m/min。

$n =$ _____。

中心钻的每齿进给量 f_z 取_____mm/z。

$V_f = f_z zn =$ _____。

钻头的每齿进给量 f_z 取_____mm/z。

$V_f = f_z zn =$ _____。

铰孔是铰刀从工件孔壁上切除微量金属层，以提高其尺寸精度和孔表面质量的方法。通常铰孔余量比扩孔或镗孔的余量要小，铰削余量太大会增大切削压力而损坏铰刀，导致加工表面粗糙度差。余量过大时可采取粗铰和精铰分开，以保证技术要求。如果毛坯余量太小，则会使铰刀过早磨损，不能正常切削，也会使表面粗糙度变差。一般铰削余量为 0.1 ～ 0.25mm，对于较大直径的孔，余量不能大于 0.3mm。因此，此零件应选择的铰孔精加工余量为_____mm。

任务一

此零件铰孔精加工时切削速度 V_c 取 8m/min，计算主轴转速 n。

$n = $ _____。

铰孔精加工时每转进给量 f_z 取 0.2mm/z。

$V_f = f_z zn = $ _____。

四 指令代码

（1）查阅资料，写出表 1-8 中常用 G 代码的名称、编程格式及用途。

表 1-8　常用 G 代码的名称、编程格式及其用途

代码	名称	编程格式	用途
G00			
G01			
G81			
G83			
G41			
G18			
G43			
G21			
G28			
G80			

（2）在图 1-5 所示的环形孔零件主、俯视图中标记出编程坐标系原点和 X、Y、Z、A 坐标轴正方向。

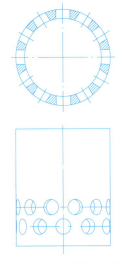

图 1-5　环形孔零件主、俯视图

五　熟悉四轴数控铣床及其技术参数

（1）查阅图1-6所示的数控铣床各主要组成部分的名称和作用，并填写在表1-9中。

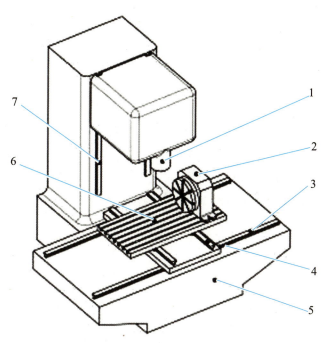

图1-6　四轴数控铣床结构示意图

表1-9　四轴数控铣床各主要组成部分的名称和作用

序号	名称	作用
1		
2		
3		
4		
5		
6		
7		

（2）根据笛卡尔直角坐标系的规定，在图1-7中绘制出数控铣床的机床坐标系，并标出各运动轴的正方向。

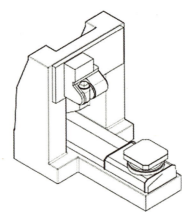

图 1 - 7 多轴数控铣床结构图

（3）回机床参考点操作。

1）为什么数控铣床要进行回机床参考点操作？

2）简述回机床参考点的操作步骤和注意事项。

（4）装夹工件。

采用自定心卡盘装夹工件，工件以＿＿＿＿＿＿＿为定位面，使用杠杆表找正工件，使工件轴线与 X 轴的平行度和 A 轴回转方向上的跳动误差在 0.02mm 以内。按照图 1 - 8 所示方式进行装夹工件练习，并记录操作过程。

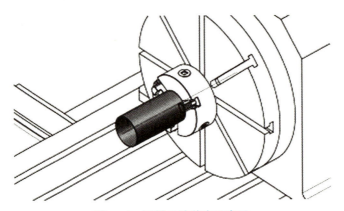

图 1 - 8 四轴工件装夹示意图

（5）对刀操作。

　　对刀就是建立工件坐标系的过程，采用试切法、塞尺、标准芯棒、量块对刀法、百分表（或千分表）对刀法等，将工作坐标系原点设定在工件左端面圆心，端面处留一定余量。分别将不同坐标轴的对刀方法填写到表 1-10 中。

表 1-10　坐标轴对应对刀方法表

要对刀工件坐标系轴	工件坐标系轴原点对刀方法
X	
Y	
Z	
A	

 六　四轴数控铣床的日常保养

（1）数控铣床日常维护与保养的内容有哪些？

（2）数控铣床周维护与保养的内容有哪些？

（3）数控铣床月、季度维护与保养的内容有哪些？

七　安全提示

（1）工作时应穿工作服、戴袖套。女同学应戴工作帽，将长发塞入帽子里。夏季禁止穿裙子、短裤和凉鞋上机操作。

（2）为防止切屑崩碎飞散伤人，对于有防护外罩的封闭型数控铣床必须关闭防护门，对于半开放式数控铣床必须戴防护眼镜。工作时，头不能离工件加工区域太近，以防止切屑伤人。

（3）工作时，必须集中精力，注意手、身体和衣服不能靠近正在旋转的机件，如数控铣床主轴、工件、带轮、皮带、齿轮等。

（4）工件和铣刀必须装夹牢固，否则会飞出伤人。

（5）凡装卸工件、更换刀具、测量加工表面及变换速度时，必须先停机再进行调整。

（6）数控铣床运转时，不得用手摸刀具及刀具加工区域。严禁用棉纱擦抹转动的铣削刀具。

（7）应使用专用铁钩清除切屑，不允许用手直接清除。

（8）在数控铣床上操作不准戴手套。

（9）不要随意拆装机床电气设备，以免发生触电事故。

（10）工作中若发现机床有故障，要及时申报，由专业人员检修，未修复不得使用。

拟订计划

一　工艺计划

零件名称：　　　　学生姓名：　　　　日期：　　　　教师签字确认：

序号	工序名称	工序内容	刀具	切削参数			设备	工艺装备	量具	工时（h）
				V_c（m/min）	n（r/min）	a_p（mm）				

任务一

二 编写程序

（1）编写端面精加工程序。

程序	注释

（2）编写钻孔程序。

程序	注释

三　审核改进

工艺计划审核		
工序划分	合理：□ 不合理：□	改进措施：
刀具选择	合理：□ 不合理：□	改进措施：
切削参数	合理：□ 不合理：□	改进措施：
设备选择	合理：□ 不合理：□	改进措施：
工艺装备	合理：□ 不合理：□	改进措施：
量具选择	合理：□ 不合理：□	改进措施：
工时划分	合理：□ 不合理：□	改进措施：
加工程序审核		

教师确认签字：_____

注：教师签字后方可进入下一步。

任务一

任务实施

任务一

一 实操准备

设备准备单				
序号	数量	名称	规格	备注

量具准备单				
序号	数量	名称	规格	备注

刀具准备单				
序号	数量	名称	规格	备注

工具准备单				
序号	数量	名称	规格	备注

任务一

要点提示

步骤	图示	技术要求
1. 安装工件		（1）采用自定心卡盘对工件进行装夹； （2）装夹后保证工件外圆柱面的跳动公差不超过 0.02mm
2. 对刀		（1）在数控机床中，将 G54 坐标系放在工件左端圆心点处； （2）对 X 方向，碰单边即可； （3）对 Y 方向，十字分中； （4）对 Z 方向，试切法、塞尺、标准芯棒、量块对刀法、百分表（或千分表）对刀法
3. 输入程序		（1）编辑状态下，新建一个程序； （2）将编写好的程序输入数控系统中
4. 运行程序		（1）将 G54 坐标系偏置里 Z 方向向上偏置 50mm； （2）自动一循环起动，验证程序位置正确性； （3）无误后将 Z 方向值改为 0，运行程序
5. 加工结果		无

▲三　任务实施记录

1. 记录内容参考

（1）实操过程中遇到的问题或出现的失误、个人总结以及影像资料（照片／视频）等。

（2）其他。

2. 实施记录目的

（1）帮助个人进行知识回顾。

（2）任务结束后的评价展示环节，帮助个人进行内容回顾，提供影像资料，丰富展示汇报内容。

任务实施	备注

评价与展示

知识目标	➢ 掌握专业术语的描述与专业会话； ➢ 了解常用办公软件的应用； ➢ 了解成本核算； ➢ 了解如何进行结构优化
能力目标	➢ 能够对个人客观总结评价； ➢ 能够使用 PPT 软件制作图片、动画等； ➢ 能够运用专业术语与他人交流； ➢ 能够对机械结构整体方案进行分析优化

 方案策划

结合个人任务实施过程中遇到的问题，从以下几个方面进行作品展示和总结，可以是个人展示（2～3min），也可以是小组团体展示（5min 以上）。

✓ 学习收获

✓ 成本核算

✓ 结构优化（您认为本作品有哪些可改进的地方）

✓ 利用多媒体手段

展示方案大纲	备注

 评分表

工作页检查		标准：采用 10-9-7-5-3-0 分制给分	
序号	检查项目	教师评分	备注
1	问题导入完成度		
2	工作计划完成度		
分数合计			

实施检查		标准：采用 10-9-7-5-3-0 分制给分	
序号	检查项目	教师评分	备注
1	实施过程 6S 规范		
2	安全操作文明生产		
3	任务实施经济成本		
分数合计			

产品目检			标准：采用 10-9-7-5-0 分制给分	
序号	零件名称	检查项目	教师评分	备注
1	环形孔	$\phi 8$ 孔表面质量是否符合专业要求		
2	环形孔	加工特征是否符合图纸要求		
分数合计				

尺寸检查			标准：采用 10 或 0 分制给分					教师评分记录
			学生自评			教师测评		
序号	零件名称	检查项目	实际尺寸	达到要求		实际尺寸	达到要求	
				是	否		是	否	
1	环形孔	$12 \times \phi 8^{+0.022}_{0}$							
2	环形孔	10 ± 0.05							
3	环形孔	⊥ 0.05 B							
分数合计								

评价与展示		标准：采用 10-9-7-5-3-0 分制给分	
序号	检查项目	教师评分	备注
1	汇报形式		
2	专业知识的体现		
3	结构优化方案		
4	专业会话		
分数合计			

三 成绩汇总

序号	检查项目	小计	百分制除数	得分（100分）	权重系数	小计	总成绩
1	工作页检查		0.2		0.1		
2	实施检查		0.3		0.1		
3	产品目检		0.2		0.2		
4	尺寸检查		0.3		0.5		
5	评价与展示		0.4		0.1		

四 评估分析

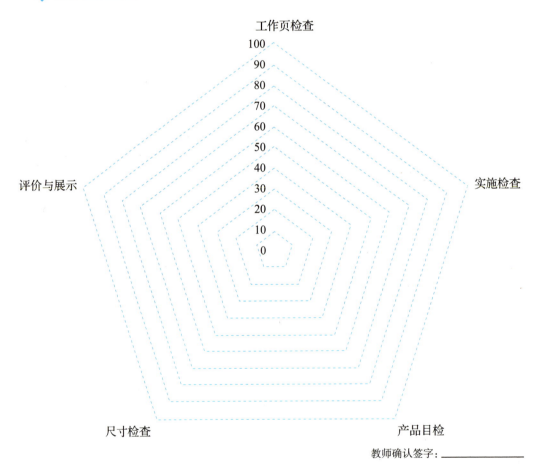

教师确认签字：_____

注：教师签字后方可进入下一任务。

主要任务解析

一　工艺计划

零件名称：环形孔　　　学生姓名：　　　日期：　　　教师签字确认：

序号	工序名称	工序内容	刀具	V_c (m/min)	n (r/min)	a_p (mm)	设备	工艺装备	量具	工时 (h)
				切削参数						
1	铣	粗铣端面	ϕ10mm 立铣刀	100	3 185	5	四轴 CNC	自定心卡盘	卡尺	
2	铣	精铣端面	ϕ10mm 立铣刀	150	4 777	5	四轴 CNC	自定心卡盘	卡尺	
3	调头找正							杠杆千分表		
4	铣	粗铣端面	ϕ10mm 立铣刀	100	3 185	5	四轴 CNC	自定心卡盘	卡尺	
5	铣	精铣端面保证总长	ϕ10mm 立铣刀	150	4 777	5	四轴 CNC	自定心卡盘	卡尺	
6	钻	钻 24 个 ϕ8mm 孔底孔	ϕ6mm 钻头							
7	钻	扩 24 个 ϕ8mm 孔底孔	ϕ7.8mm 钻头							
8	铰	铰 24 个 ϕ8mm 孔	ϕ8mmH8 铰刀	8	318	64	四轴 CNC	自定心卡盘	塞规	

二　编写程序

（1）编写端面精加工程序。

程序	注释
%	
O0001	
G54 G90 G90 G17 M3 S4777	
G0 Z100	
G0X-5 Y-30 A0	下刀点
G1 Z18 F955	Z轴至下刀深度
Y0	切线切入
A360	铣端面
Y30	切线切出

续表

程序	注释
G0 Z100	抬刀
G49	
M30	
%	

（2）编写钻孔程序。

程序	注释
%	
O0002	
G54 G90 G90 G17 G80 M3 S3062	
G0 Z100	
G98 G81 X10 Y0 Z10 A0 R30 F2450	钻通孔 1
A30	孔 2
A60	孔 3
A90	孔 4
A120	孔 5
A150	
…	
…	
A330	孔 12
G80	退出钻孔循环模式
G0 Z100	抬刀
G49	
M30	
%	

三　审核改进

工艺计划审核		
工序划分	合理：□ 不合理：□	改进措施：
刀具选择	合理：□ 不合理：□	改进措施：
切削参数	合理：□ 不合理：□	改进措施：
设备选择	合理：□ 不合理：□	改进措施：
工艺装备	合理：□ 不合理：□	改进措施：
量具选择	合理：□ 不合理：□	改进措施：
工时划分	合理：□ 不合理：□	改进措施：
加工程序审核		

教师确认签字：_____

注：教师签字后方可进入下一步。

拓展知识

多轴数控机床的常见类型

多轴数控机床是指在一台机床上至少具备四个坐标轴，即三个直线坐标轴和一个旋转坐标轴，并且四个坐标轴可以在计算机数控（CNC）系统的控制下同时协调运动进行加工。五轴数控机床是指机床具有三个直线坐标轴和两个旋转坐标轴，并且可以同时控制，联动加工。与三轴数控机床相比较，利用多轴数控机床进行加工的主要优点如下：

（1）可以在一次装夹的条件下完成多面加工，从而提高零件的加工精度和加工效率。

（2）由于多轴数控机床的刀轴可以改变，刀具或工件的姿态角可以随时调整，所以可以加工更加复杂的零件。

（3）由于刀具或工件的位姿角度可调，所以可以避免刀具干涉、欠切和过切现象的发生，从而获得更高的切削速度和切削线宽，使切削效率和加工表面质量得以改善。

（4）多轴数控机床的应用，可以简化刀具形状，从而降低了刀具成本。同时还可以改善刀具的长径比，使刀具的刚性、切削速度、进给速度得以大大提高。

（5）由于增加了旋转轴，所以与三轴数控机床相比较，多轴数控机床的刀具或工件的运动形式更为复杂，形式也有多种。

◆ 一 三轴立式加工中心附带数控转台的四轴联动机床

如图1-9所示，该类机床是在三轴立式数控铣床或加工中心上，附加具有一个旋转轴的数控转台来实现四轴联动加工的，即所谓3+1形式的四轴联动机床。由于是以立式铣床或加工中心作为主要加工平台，所以数控转台只能算作机床的一个附件。该类机床的优点如下：

（1）价格相对便宜。由于数控转台是一个附件，所以用户可以根据需要选配。

（2）装夹方式灵活。用户可以根据工件的形状选择不同的附件，既可以选择自定心卡盘装夹，也可以选配单动卡盘或者花盘装夹。

（3）拆卸方便。用户在利用三轴加工大工件时，可以把数控转台拆卸下来。当需要时可以很方便地把数控转台安装在工作台上进行四轴联动加工。

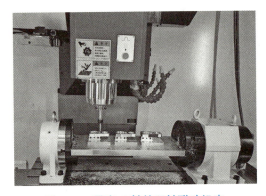

图1-9　具有 A 轴的四轴联动机床

注意：

（1）该类机床的数控系统一定具有第四轴的伺服单元，同时具备控制四轴联动的功能。如果只有三个伺服单元，是不能做到四轴联动的。

（2）数控转台的尺寸规格会影响原有机床的加工范围。用户要根据被加工的工件尺寸合理选择数控转台的尺寸规格。

 三轴立式加工中心附带可倾斜式数控转台的五轴联动机床

如图 1-10 所示，该类机床是在三轴立式数控铣床或加工中心上，附加具有两个旋转轴的可倾式（摇篮式）数控转台来实现五轴联动加工的，即所谓 3+2 形式的五轴联动机床。机床的数控系统具有五个伺服单元，同时具备控制五轴联动的功能，用户只要安装上可倾式数控转台，即可进行五轴联动的数控加工。使用可倾式数控转台时一般将其平放在立式数控铣床或立式加工中心的工作台面上。机床的优点和需要注意的方面与 3+1 形式的四轴联动机床类似。

图 1-10　*A-C* 式五轴联动机床

（1）机床的数控系统必须具有五轴联动的功能。

（2）当立式数控铣床或加工中心安装了可倾式数控转台以后，受转台自身高度的影响，可用于加工的 Z 轴行程就减小了。用户在使用时，除要考虑被加工零件的高度以外，还要考虑刀具的长度。

（3）数控转台通常需要压缩空气给锁紧装置提供动力，所以要备有气源。

 具有 *B* 轴的卧式加工中心（四轴）

如图 1-11 所示，该类机床是高精度加工中心，它采用全闭环控制系统。反馈元件是精密直线光栅尺和圆光栅。主机采用横床身、框架式动立柱布局，分度转台采用高精度多齿盘。该类机床配有两个可自动交换（APC）的工作台，当里工作台上的工件处于加工状态时，操作者可在外工作台上对另一工件进行准备工作，从而提高加工效率。该类机床适合于箱体类零件的加工，如各种减速箱、阀体以及需多面加工的零件等。

图 1-11　具有 B 轴的四轴卧式加工中心

四　五轴联动数控铣床（加工中心）

五轴联动数控铣床旋转部件的运动方式各有不同，有些机床设计成刀具摆动的形式，而有些机床设计成工件摆动的形式。大体可以归纳为三种形式：双摆台形式、双摆头形式和一摆台一摆头形式，如图 1-12 所示。

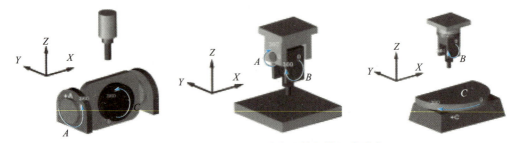

图 1-12　五轴联运数控铣床旋转部件运动形式

1. 双摆台五轴联动数控铣床

很多中、小型五轴联动数控铣床均采用双摆台形式。由于被加工的工件相对较小、较轻，所以机床设计为双摆台的形式可以更有效地利用机床空间使加工范围更大，因为主轴是固定不变的，所以刀具长度不会影响摆动误差。同时由于工作台可旋转和可倾斜，所以也便于操作。上文中所述 3+2 形式的五轴联动机床就采用典型的双摆台形式。双摆台五轴联动数控铣床有龙门式结构设计和摇篮式双摆台五轴联动数控铣床、立卧转换式双摆台五轴联动数控铣床、基于卧式加工中心的双摆台五轴联动数控铣床，如图 1-13 所示。

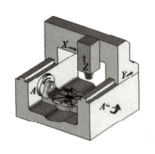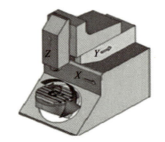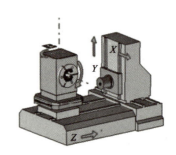

图 1-13　双摆台五轴联动数控铣床

（1）瑞士 MIKRON HPM600U 五轴联动加工中心。

图 1-14 所示为瑞士 MIKRON HPM600U 五轴联动加工中心。瑞士 GF 阿奇夏米尔的 MIKRON HPM600U/800U 精密型五轴联动加工中心是针对精密零件加工行业的最新产品。它具有高动态特性、高速加工特性和五轴联动的特点。

图 1-14 瑞士 MIKRON HPM600U 五轴联动加工中心

1）机床结构。

HPM600U/800U 五轴联动加工中心采用混凝土聚合物整体压铸的落地床身、新型龙门框架式结构，X、Y、Z 三轴导轨各自独立，保证了极高的精度。机床主轴采用立式结构，可以保证更高的切削稳定性。特殊设计的大摆角回转工作台采用转矩电动机直接驱动，强力液压机构锁紧，两端支承在床身上，保证了良好的刚性。

依照人体工程学理念，机床设计得更加合理和人性化。宽大的加工区保证了良好的视野以及操作方便性，不论从机床的正面还是从机床的侧面都可以方便地进行加工操作，以及观察刀具加工的情况。

2）大转矩高速电主轴。

HPM600U/800U 五轴联动加工中心配有 GF 阿奇夏米尔 Step-Tec 大转矩高速电主轴。20 000r/min 的高速主轴可以提供 84N·m 的转矩，使得它既可以用于一般钢材的粗加工和半精加工，也可以使用小型刀具对复杂曲面或需要高切削速度的材料进行高速加工。主轴采用矢量控制技术，配合低转速下的大转矩，可以进行刚性攻丝。主轴采用油气润滑的复合陶瓷轴承，并使用 HSK-A63 高速刀柄。

3）回转/摆动工作台。

HPM600U/800U 五轴联动加工中心配有直接测量系统的回转/摆动工作台，确保了高的定位精度和重复定位精度。回转轴和摆动轴均通过水冷的转矩电动机直接驱动，较之传统的蜗杆传动，其转速更高、运转更平稳、精度更高，可以保证长期的五轴连续运转。当进行重切削时，回转/摆动工作台可以通过液压夹紧装置锁紧，以保证加工的稳定性和大的承载能力。

工作台摆动范围可达 91°～121°，实现了工件的立卧转换加工。联动加工时可加工最大工件尺寸为 ϕ860mm，最大工件重量可达 800kg。

4）机床的动态性能和精度。

机床线性轴采用高精度线性导轨和滚珠丝杠副驱动，两个回转轴采用转矩电动机直接驱动。各进给轴采用的大功率数字伺服电动机可以保证高达 60m/min 的快移速度。除采用转矩电动机新技术之外，另一个新技术是机床 Y 轴采用了双电动机驱动，两根丝杠副分别由两个电动机驱动带动横梁在两个墙形立柱上移动，保证了横梁移动的平稳性和 Y 轴的高动态性能，同时装配在 5 个轴上的高精度直接测量装置也为高精度高性能加工提供了可靠的保证。

5）大容量独立刀库。

机床可以配置 30、60 把甚至 245 把刀位的刀库。刀库采用链式设计。换刀采用一个双臂机械手通过固定循环来控制。机床配有刀库门，机床外罩上装有手动控制刀库的按钮。当刀库门打开时，可手动地装卸刀具。刀具可通过主轴或刀库门放置到刀库中。因为刀库完全独立于机床加工区之外，换刀时不占用加工区域，保证了更安全可靠的加工。双臂机械手保证了少于 3s 的快速换刀。

6）应用范围。

MIKRON HPM 600U/800U 适合叶轮类零件、精密壳体以及精密模具的五轴联动加工。其加工的材料范围包括钛合金、高温合金、镍基合金和淬硬钢材等。

（2）德国哈默 C50U 加工中心。

图 1－15 所示为德国哈默 C50U 加工中心。德国哈默是中小型五轴精密加工中心的制造厂家。哈默的 C 系列加工中心包括 C20、C30、C40、C50 四种型号，加工工件直径从 280mm 到 1 200mm。

图 1－15　德国哈默 C50U 加工中心

C50U 为立式工作台摆动加工中心，其特点主要如下：

1）主轴刚性好，效率高，加工精度不受刀具长度影响，避免产生形状误差。在加工时由于是工作台摆动，主轴不会因需要摆动而受到任何影响，因而拥有更好的主轴刚性；三个线性轴的运动是由刀具的移动实现的，动态性能不受工件限制，效率更高；由于主轴不摆动，所以刀具长度不会影响摆臂长度，也就是说刀具长度不会影响摆动误差。

2）几何精度高，性能稳定。C50U 采用改进的龙门设计，避免了传统龙门设计的缺陷，机床床身整体铸造。各轴的驱动和导轨都在加工区域之外的上方，不会受加工时产生的热量、切屑等因素的影响，大大降低故障率。Y方向通过三个带有中心驱动的交叉排列导轨提供动力传动，Y轴全行程的刚性不变。机床各处都有实用性的细节设计，如位于机床前侧与两旁的接触平台，便于观察整个加工过程；自动舱顶、自动排屑机使机床操作智能安全；带有一体式中央电缆的盒式布线，所有系统单元前面都设计有服务门，使得维修检测方便快捷；工作区域侧壁为不锈钢保护的垂直壁设计，使切屑能自主进入排屑机，从而实现最佳排屑效果；另有内部冷却液供给、油雾分离器等附加配置，都力求符合人体工学。所有这些结构设计和措施保证了C50U能够在整个服役期内保持机床实测定位精度在3μm以内。并且哈默机床五个轴的相关精度也非常高。由于五轴联动加工零件时需要各个轴配合工作，所以五轴相关精度对于五轴联动机床是非常重要的。

3）A、C轴一体，A轴双驱动。C50U的工作台为U形，工件跟随工作台实现A轴摆动和C轴回转。机床A轴又通过床身上对称的两孔与床身结为一体，双边支承的设计使A轴的扭曲变形控制在最小的范围内。A轴双边都采用行星齿轮系统传递转矩，可提供近8 000N·m的驱动转矩，工作台摆动角度范围可达 –130°～+100°，在保证最高精度的情况下，被加工零件重量可达2t。

4）五轴加工范围大。哈默的C系列摇篮式加工中心的特点之一是空间需求小，其三轴行程即可反映出五轴联动时的加工范围，以C50U为例，三直线轴行程分别为1 000mm×1 100mm×750mm，以刀具长度为400mm计算，其五轴联动时至少可加工尺寸为1 000mm×810mm的大型零件。

5）应用领域的专业性。C50U主要应用在高精度行业中，如医疗器械、光学技术、航空航天、工模具制造业、发动机制造业。加工的零件多是需要五轴联动、五面体加工的复杂零件，如模具、叶盘、叶轮、叶片、刀具、发动机燃油泵、发动机缸盖、缸体等，具体如图1－16所示。同时C50U可组成柔性制造单元，以满足多品种、中小批量产品生产的需求。

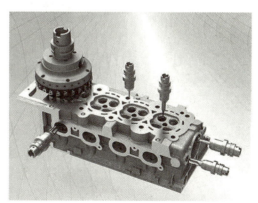

（a）加工叶轮零件　　　　　　　　　（b）加工发动机缸体零件

图1－16　C50U加工的零件

2. 双摆头五轴联动机床

图 1-17 所示为双摆头五轴联动机床常见的三种形式：龙门式机床、单立柱式机床、双摆头机床。一般重型机床都采用双摆头设计形式，也有一些中小型机床采用这种设计。

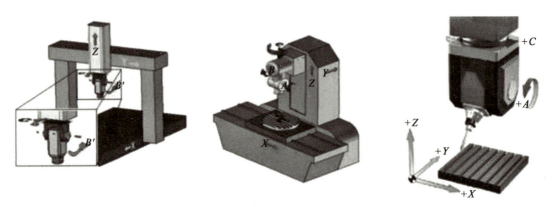

图 1-17　双摆头五轴联动机床的结构形式

3. 一摆头一摆台五轴联动机床

很多中小型机床采用一摆头一摆台的形式。图 1-18 所示为德玛吉 DMG75v Linear 五轴联动机床。

图 1-18　德玛吉 DMG75v Linear 五轴联动机床

HSC75 Linear 装备有直接驱动的数控工作台和摆动主轴，因为使用双边轴承，叉状齿冠可以达到最大的刚性并且可以使用液压装夹，摆动头的摆动范围是 10°～110°。摆动头和数控工作台的组合产生了新的加工方式。

五　车铣复合机床

该类机床集成了车削和铣削的加工方法，零件可以在不更换机床设备的情况下，对其完成车铣的复合加工。通常具有主轴、副主轴、车铣主轴和刀塔，车铣主轴可以摆动从而实现多轴加工。车铣复合机床是车铣工艺高度集中的先进多轴加工设备。

铝及铝合金

纯铝是一种银白色的轻金属，密度为 2.7g/cm³，熔点为 660℃，具有优良的导热性和导电性。

 分类

（1）变形铝合金。变形铝合金包括防锈铝合金、硬铝合金、超硬铝合金及锻铝合金等。

（2）铸造铝合金。该类合金不能通过变形加工，而只宜通过铸造方式获得形状复杂的零件，常用的材料有 Al-Si 系、Al-Cu 系、Al-Mg 系和 Al-Zn 系。

二 常用的牌号、性能、应用场合

工业纯铝的牌号为 1070A、1060、1050A、1035、1200（化学成分近似旧牌号 L1、L2、L3、L4、L5），牌号中数字越大，表示杂质越多。较常见的牌号有 1060、2024、5052、6061、6063、7075。

1060：1060 属于普通工业纯铝，含铝量不小于 99.60%，其特点是强度低，加工硬化是唯一的强化途径；热加工和冷加工性能好，热导电导率高，耐腐蚀性能优良。广泛用于要求成形性能良好、耐腐蚀、可焊的工业设备，也可作为电导体材料。

2024：2024 合金的成分和组织与 2A12 合金相同，但 2124 合金中杂质 Fe、Si 的含量限制较低。2024 合金薄板、厚板和型材已成功地用于制造飞机和火箭的蒙皮、舱段、整体油箱壁板、翼梁等。

5052：5052 合金的镁含量为 2.5%，在 Al-Mg 系防锈铝中属于含镁量较低者。广泛应用于制造飞机的燃料和燃油管及燃料箱、各种船舶和运输工具中的零部件、薄板金属制品、仪表、街灯支架、铆钉、线材等。

6061：6061 合金为 Al-Mg-Si 系可热处理强化铝合金，可加工成板、管、棒、型、线材和锻件。广泛用于建筑型材，需要良好耐蚀性能的大型结构件，载货汽车、船舶、铁道车辆的结构件，导管，家具等。

6063：6063 合金为 Al-Mg-Si 系可热处理强化铝合金，可挤压成棒材、型材、管材。广泛用于建筑结构材料和装饰材料，如门框、窗框、壁板、货柜、家具、升降梯，以及飞机、船舶、轻工业制品、建筑物等不同颜色的装饰构件。

7075：7075 合金是 Al-Zn-Mg-Cu 系超硬铝合金，其特点是固溶处理后塑性好，热处理强化非常明显。可加工成板材（包铝与不包铝）、管材、型材、棒材和锻件。主要用于飞机结构件和其他高强度耐腐蚀结构件。

数控铣床常用的装夹方式

台虎钳装夹。台虎钳设计结构简练紧凑，夹紧力度强，易于操作使用。内螺母一般采用较强的金属材料制作，使夹持力保持更大。

自定心卡盘。在自定心卡盘上装夹。自定心卡盘的三个卡爪是同步运动的，能自动定心，一般不需要找正。该卡盘装夹工件方便、省时，但夹紧力小，适用于装夹外形规则的中、小型工件。

利用角铁和 V 形块装夹工件。适合于单件或小批量生产。工件安装在角铁上时，工件与角铁侧面接触的表面为定位基准面。拧紧弓形夹上的螺钉，工件即被夹紧。该类角铁常常用来安装要求表面互相垂直的工件。

组合夹具。组合夹具是由一套预制好的标准元件组装而成的。标准元件有不同的形状、尺寸和规格。应用时可以根据需要选用某些元件，组装成各种各样的形式。组装夹具的主要特点是元件可以长期重复使用，结构灵活多样。

压板装夹工件。在数控机床上，经常用到螺栓和压板装夹工件。在铣床上用压板装夹工件时，所用的工具比较简单，主要有压板、可调垫铁、T 形螺栓及螺母。压板装夹工件如图 1-19 所示。

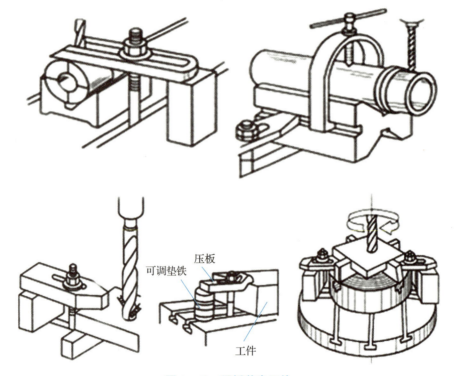

图 1-19　压板装夹工件

使用压板装夹工件时应注意的问题

针对不同零件压板，螺母、螺栓等应选择适当。为增大对工件的压紧力，安装压板、螺栓时，必须尽量靠近工件，并使螺栓到工件的距离小于螺栓到垫铁（垫板）的距离。

压紧时，放在压板下的垫铁的高度，要与工件的高度相等或略高于工件，以使压紧力作用于工件上。为避免铣削中受振动影响，螺母自行松动，工件飞出，造成工件、机床损坏或人身事故，旋紧螺母时，松紧程度要适宜。

工件受压处不能悬空，如有悬空，应垫实。对易变形工件和薄壁工件，在工件下面要加以适当的支承，压板的位置要选择妥当，压紧力要适合，以防止撤除压力工件恢复常态后，已铣削的平面变形。

使用压板的数目一般不少于两块。使用多块压板时，应注意合理选择工件上的受压点。搭双压板时，两压板压紧力要保持相等，以防把工件抛出来。夹压光洁表面时，为避免因受压力而损伤光洁表面，应在压板与工件表面之间垫上铜片。

工作台面上不能拖拉粗糙的铸件、锻件毛坯或形状不规则的毛坯，以免将台面划伤。在夹紧该类毛坯时，最好用硬纸类东西垫在下面。

工件用压板装夹时，尽可能使用等高垫铁，一方面可避免高度不够，主轴上的刀具下不到加工位置，另一方面也可避免钻孔时钻穿工件后钻到工作台台面上。压板的压紧点尽量和切削处接近。压板的压紧点和压板下面的支承点相对应。压紧工件时，应该轮流拧紧各个螺母，不要把某一个螺母完全拧紧后再拧另一个，避免压板跷起导致工件压不紧。

压板不应歪斜。压板间距离和压板与工件间距离不要太远。在加工过程中有可能要挪动压板，因为有时它会妨碍刀具切削，这时要考虑压板松开后的定位问题。同时，在挪动压板时，程序中要安排计划停车环节。

常用铣削刀具

 数控铣加工常用刀具的种类

数控铣加工刀具种类很多，为了适应数控机床高速、高效和自动化程度高的特点，所用刀具正朝着标准化、通用化和模块化的方向发展，主要包括铣削刀具和孔加工刀具两大类。为了满足高效和特殊的铣削要求，又发展了各种特殊用途的专用刀具。

1. 圆柱铣刀

圆柱铣刀主要用于卧式铣床加工平面。圆柱铣刀一般为整体式，铣刀的材料为高速钢，主切削刃分布在圆柱表面上，无副切削刃。铣刀有粗齿和细齿之分，粗齿铣刀的齿数少，刀齿强度大，容削空间也大，可重磨次数多，适合于粗加工；细齿铣刀的齿数多，工作平稳，适合于精加工。圆柱铣刀的直径范围为 50～100mm，齿数一般为 6～14 齿，螺旋角为 30°～45°。

2. 面铣刀

面铣刀主要适用于立式铣床加工平面和台阶面等。面铣刀的主要切削刃分布在铣刀的圆柱面上或圆锥面上，副切削刃分布在铣刀的端面上。面铣刀按结构可以分为整体式面铣刀、硬质合金整体焊接式面铣刀、硬质合金可转位式面铣刀等形式。

整体式面铣刀：由于该种面铣刀的材料为高速钢，所以其切削速度和进给量都受到一定的限制，生产率较低，并且由于该种铣刀的刀齿损坏后很难修复，所以整体式面铣刀的应用较少。

硬质合金整体焊接式面铣刀：该种面铣刀由硬质合金刀片与合金钢刀体焊接而成，结构紧凑，切削效率高。由于它的刀齿损坏后也很难修复，所以该种铣刀的应用也不多。

硬质合金可转位式面铣刀：该种面铣刀将硬质合金可转位刀片直接装夹在刀体槽中，切削刃磨钝后，只需将刀片转位或更换新的刀片即可继续使用。硬质合金可转位式面铣刀有加工质量稳定、切削效率高、刀具寿命长、刀片的调整和更换方便以及刀片重复定位精度高等特点，所以该种铣刀是生产上应用最广泛的刀具之一。

3. 立铣刀

立铣刀是数控铣削加工中应用最广泛的一种铣刀，它主要用于立式铣床上加工凹槽、台阶面和成型面等。立铣刀的主切削刃分布在铣刀的圆柱表面上，副切削刃分布在铣刀的端面上，并且端面中心有孔，因此铣削时一般不能沿铣刀轴向做进给运动，而只能沿铣刀径向做进给运动。立铣刀也有粗齿和细齿之分，粗齿铣刀的刀齿为 3～6 个，一般用于粗加工；细齿铣刀的刀齿为 5～10 个，适合于精加工。立铣刀的直径范围是 2～80mm，其柄部有莫氏锥柄和 7:24 锥柄等多种形式。

4. 键槽铣刀

键槽铣刀主要用于立式铣床上加工圆头封闭键槽等，该种铣刀外形似立铣刀，端面无顶尖孔，端面刀齿从外圆开至轴心，且螺旋角较小，增强了端面刀齿的强度。端面刀齿上的切削刃为主切削刃，圆柱面上的切削刃为副切削刃。加工键槽时，每次先沿铣刀轴向进给较小的量，然后再沿径向进给一定的量，这样反复多次，即可完成键槽加工。由于该种铣刀的磨损是在端面和靠近端面的外圆部分，所以修磨时只修磨端面切削刃，这样铣刀直径可保持不变，使加工键槽精度较高，铣刀寿命较长。键槽铣刀的直径范围为 2～63mm，其柄部有直柄和莫氏锥柄等形式。

5. 成型铣刀

成型铣刀一般是为特定形状的工件或加工内容专门设计制造的，如渐开线齿面、燕尾槽和 T 形槽等。

 数控铣加工刀具类型的选择

刀具的选择是在数控编程的人机交互状态下进行的，应根据机床的加工能力、工件材料的性能、加工工序、切削用量以及其他相关因素正确选用刀具及刀柄。刀具选择总的原则是安装调整方便，刚性好，耐用度和精度高。在满足加工要求的前提下，尽量选择较短的刀柄，以提高刀具加工的刚性。生产中，被加工零件的几何形状是选择刀具类型的主要依据。

铣削刀具的选用：加工曲面类零件时，为了保证刀具切削刃与加工轮廓在切削点相切，避免刀刃与工件轮廓发生干涉，一般采用球头刀，粗加工用两刃铣刀，半精加工和精加工用四刃铣刀；铣较大平面时，为了提高生产效率和提高加工表面粗糙度，一般采用刀片镶嵌式盘形铣刀；铣小平面或台阶面时一般采用通用铣刀；铣键槽时，为了保证槽的尺寸精度，一般用两刃键槽铣刀。

孔加工刀具的选用：数控机床孔加工一般无钻模，由于钻头的刚性和切削条件差，选用钻头直径 D 应满足 $L/D \leqslant 5$（L 为钻孔深度）的条件；钻孔前先用中心钻定位，保证孔加工的定位精度；精铰前可选用浮动铰刀，铰孔前孔口要倒角；镗孔时应尽量选用对称的多刃镗刀头进行切削，以平衡镗削振动；尽量选择较粗和较短的刀杆，以减少切削振动。在经济型数控加工中，由于刀具的刃磨、测量和更换多为人工手动进行，占用辅助时间较长，因此，必须合理安排刀具的排列顺序。

总的来说，数控铣加工刀具类型的选择一般应遵循以下原则：

（1）尽量减少刀具数量；

（2）一把刀具装夹后，应完成其所能进行的所有加工部位；

（3）粗精加工的刀具应分开使用，即使是相同尺寸规格的刀具；

（4）先铣后钻；

（5）先进行曲面精加工，后进行二维轮廓精加工；

（6）在可能的情况下，应尽可能利用数控机床的自动换刀功能，以提高生产效率等。

常用孔加工刀具

 一 钻头

钻头是在实体材料上加工孔的刀具，它是由具有顶端部分的切削刃与刀体部分的排出切屑用槽等部分构成的。根据形状、材料、结构、功能等的不同，钻头分为很多种类，如中心钻、麻花钻、U 钻及深孔钻等。

 二 中心钻

中心钻是用于轴类等零件端面上的中心孔加工，用于孔加工的预制精确定位，引导麻花钻进行孔加工，减少误差的钻头。它实质上是由螺旋角很小的麻花钻和鲍钻复合而成的。

 三 麻花钻

在钻头中使用量最大的就是麻花钻，它是一种粗加工刀具，其常用规格为0.1～0.8mm。按柄部形状分为直柄麻花钻和锥柄麻花钻，按制造材料分为高速钢麻花钻和硬质合金麻花钻。

麻花钻主要由柄部和工作部分组成。工作部分的切削部分由两个主切削刃和副切削刃、两个前刀面和后刀面、两个刃带和一个横刃组成，担负全部切削工作；工作部分的导向部分起导向和备磨作用，容屑槽做成螺旋形以利排屑，具体如图 1–20 所示。

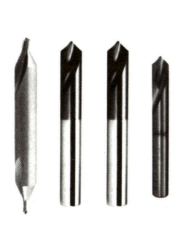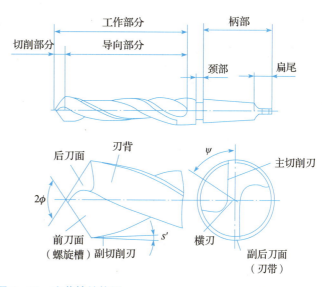

图 1–20　麻花钻结构图

四 铰刀

铰刀是对中小直径孔进行半精加工和精加工的刀具，铰刀的加工余量较小，齿数较多，刚性和导向性好，所以加工精度等级可达到 IT7～IT6，表面粗糙度值为 $Ra1.6～0.2pm$。在铰孔之前，被加工孔需要经过钻孔或钻、扩孔加工。

铰刀根据使用材料不同可分为高速钢铰刀和硬质合金铰刀等。

切削参数

铣削时的铣削用量由切削速度、进给量、背吃刀量（铣削深度）和侧吃刀量（铣削宽度）四要素组成。

（1）切削速度 V_c，切削速度 V_c 即铣刀最大直径处的线速度，可由下式计算：

$$V_c = \frac{\pi dn}{1\ 000}$$

式中：V_c——切削速度（m/min）；

d——铣刀直径（mm）；

n——铣刀每分钟转数（r/min）。

（2）进给量 f：铣削时，工件在进给运动方向上相对刀具的移动量即为铣削时的进给量。由于铣刀为多刃刀具，计算时按单位时间不同，有以下三种度量方法。

1）每齿进给量 f_z（mm/z）：指铣刀每转过一个刀齿时，工件对铣刀的进给量（即铣刀每转过一个刀齿，工件沿进给方向移动的距离），其单位为 mm/z。

2）每转进给量 f：指铣刀每转一转，工件对铣刀的进给量（即铣刀每转一转，工件沿进给方向移动的距离），其单位为 mm/r。

3）每分钟进给量 V_f：又称为进给速度，指工件对铣刀每分钟进给量（即每分钟工件沿进给方向移动的距离），其单位为 mm/min。

上述三者的关系为

$$V_f = f n = f_z z n$$

式中：z——铣刀齿数；

n——铣刀转速（r/min）。

（3）背吃刀量（又称为铣削深度 a_p）：铣削深度为平行于铣刀轴线方向测量的切削层尺寸（切削层是指工件上正被刀刃切削着的那层金属），单位为 mm。因周铣与端铣时相对于工件的方位不同，故铣削深度的表示也有所不同。

（4）侧吃刀量（又称为铣削宽度 a_e）：铣削宽度是垂直于铣刀轴线方向测量的切削层尺寸，单位为 mm。

常用的 G 代码如表 1-11 所示。

表 1-11 常用的 G 代码

序号	代码	含义	备注
1	G00	快速点定位	
2	G01	直线插补	

续表

序号	代码	含义	备注
3	G02	顺圆插补	
4	G03	逆圆插补	
5	G04	暂停指令	
6	G07	虚轴设定	
7	G09	准停校验	
8	G40	取消刀具半径补偿	
9	G41	刀具半径左补偿	
10	G42	刀具半径右补偿	
11	G43	刀具长度正补偿	
12	G44	刀具长度负补偿	
13	G49	取消刀具长度补偿	
14	G52	局部坐标系设定	
15	G54	选择坐标系1	
16	G55	选择坐标系2	
17	G56	选择坐标系3	
18	G57	选择坐标系4	
19	G58	选择坐标系5	
20	G59	选择坐标系6	
21	G65	调用子程序	
22	G68	旋转打开	
23	G69	旋转关闭	
24	G73	深孔高速钻循环	
25	G74	反攻丝循环	
26	G76	精镗循环	
27	G80	固定循环取消	
28	G81	定心钻循环	
29	G82	带停顿的钻孔循环	
30	G83	深孔钻循环	
31	G84	攻丝循环	
32	G85	镗孔循环	
33	G86	镗孔循环	
34	G87	反镗循环	
35	G88	手动精镗循环	
36	G89	镗孔循环	
37	G90	绝对值编程	

任务一

续表

序号	代码	含义	备注
38	G91	增量值编程	
39	G92	坐标系设定	
40	G94	每分进给	
41	G95	每转进给	
42	G98	固定循环后返回起始点	
43	G99	固定循环后返回 R 平面	

常用的 M 代码如表 1-12 所示。

表 1-12　常用的 M 代码

序号	代码	含义	备注
1	M00	快速点定位	
2	M01	直线插补	
3	M02	程序结束	光标在程序尾
4	M03	主轴正转	
5	M04	主轴反转	
6	M05	主轴暂停	
7	M06	换刀	
8	M08	切屑液开	
9	M09	切屑液关	
10	M30	程序结束	光标自动返回程序头
11	M98	调用子程序	
12	M99	子程序结束	

任务图纸

连接杆零件的图纸如图 2-1 所示。

连接杆零件的加工

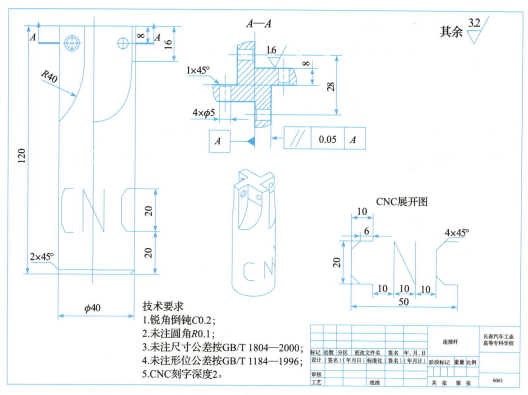

图 2-1　连接杆零件的图纸

任务要求

本任务是连接杆零件的多轴机床加工，使用多轴机床加工制作。通过本任务的学习，受训者掌握机床日常维护与操作，学会多轴机床建立坐标系的方法以及机床操作。连接杆零件数量为 30 件，来料加工，材料为 6061 铝合金，毛坯尺寸为 $\phi40\text{mm} \times 125\text{mm}$，根据图 2-1，采用四轴数控铣床进行加工，并完成检验。

素养园地

前世界技能组织主席西蒙·巴特利说过，全世界需要技能，一个没有多元化技能的国家，不可能成为一个繁荣的经济体，也不可能在世界市场竞争中脱颖而出。我国从两弹一星到神舟飞天、嫦娥奔月，都离不开技能人才的智慧与拼搏、担当与奉献。进入新发展阶段，贯彻新发展理念，构建新发展格局，推动高质量发展，朝着实现"两个一百年"奋斗目标和中华民族伟大复兴的中国梦迈进，更需要高素质技能人才队伍提供强有力支撑。

引导问题

一 阅读生产任务单

根据表 2-1，本任务要加工零件的材料是什么？请在下方绘制毛坯简图，并标注主要尺寸。

表 2-1　生产任务单

需方单位名称				完成日期		年　月　日	
序号	产品名称	材料	数量	技术标准、质量要求			
1	连接杆零件	6061 铝合金	30 件	根据图纸要求			
2							
3							
生产批准时间		年　月　日	批准人				
通知任务时间		年　月　日	发单人				
接单时间		年　月　日	接单人		生产班组		

二 图纸分析

（1）分析零件图纸，在表 2-2 所示的零件加工工艺要求中写出连接杆零件的主要加工尺寸、几何公差要求及表面质量要求，并进行相应的尺寸公差计算，为零件的编程做准备。

表 2-2　零件加工工艺要求

序号	项目	内容	偏差范围（数值）
1	主要加工尺寸		
2			
3			

续表

序号	项目	内容	偏差范围（数值）
4	几何公差要求		
5	表面质量要求		

（2）解释表2-3中标注符号的含义。

表2-3 符号定义

标注符号	含义
CNC 展开图	

（3）抄绘 CNC 展开图，根据加工坐标系放置。

三 工艺分析

1. 选择设备

你选择何种数控机床加工该连接杆零件？写出机床型号。

2. 确定连接杆零件的定位基准和装夹方式

（1）装夹零件时，应选择_____作为定位基准。

（2）加工连接杆零件应选用何种装夹方式？为什么？

3. 确定连接杆零件的加工顺序

依据连接杆零件的加工内容，在图2-2中标出连接杆零件的加工顺序（用1、2、3…标出）。

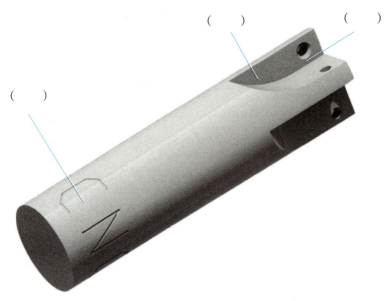

图 2 - 2　连接杆零件的加工顺序图

4. 选择刀具

数控铣床上常用硬质合金可转位式立铣刀或整体式立铣刀加工台阶、槽等，如图 2 - 3 所示。

（a）可转位式立铣刀　　　　　　　　（b）整体式立铣刀

图 2 - 3　数控铣床加工台阶、槽等的常用刀具

加工 $R40mm$ 圆弧台阶面，本次加工选用 ϕ_____mm 硬质合金_____铣刀，刀齿数为_____齿。

5. 确定 R40mm 台阶面铣削加工路线

（1）加工 $4 \times R40mm$ 台阶面时，旋转轴是否需要旋转？是定向还是 A 轴联动？

（2）$R40mm$ 台阶面的尺寸精度及表面质量要求（Ra=1.6μm）较高，故采用_____原则确定加工顺序。

（3）数控铣床上孔加工刀具常见的有中心钻、钻头、铰刀、镗刀等。

1）加工 $4 \times \phi 5mm$ 孔时，应选用_____刀具，尺寸为_____mm；

2）"CNC" 刻线深度为_____m，选择使用的刀具是_____。

6. 确定切削用量

（1）背吃刀量（a_p）和侧吃刀量（a_e）。$R40mm$ 台阶面深度为 18mm，加工时 Z 向选择背吃刀量为＿＿mm，＿＿次加工到此深度。侧吃刀量为＿＿mm。

（2）主轴转速（n）。端面粗加工时切削速度 V_c 取 100m/min，计算主轴转速 n。

$n=$＿＿＿＿＿

（3）进给速度（V_f）。粗加工时，每齿进给量 f_z 取＿＿＿＿mm/z，$V_f=$＿＿＿＿。精加工时每齿进给量 f_z 取＿＿＿＿mm/z，$V_f=$＿＿＿＿。

四　指令代码

1. 指令学习

（1）写出 G02、G03 两种编程指令的格式。

（2）根据圆弧顺逆的判别方法，判别图 2-4 中各平面中圆弧的顺逆。

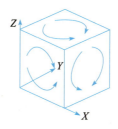

图 2-4　圆弧顺逆判别

（3）刀具半径补偿的目的是什么？刀具半径补偿指令有哪些？

（4）刀具长度补偿指令有哪些？

（5）当设置 1 号刀偏置存储器的值为 100 时，执行 G43 Z10.H01 程序段，则刀具在机床上的实际移动距离 = 编程坐标值 + 长度补偿值 +＿＿＿＿+＿＿＿＿=＿＿＿＿，即机床的实际移动量为沿着 Z 轴的正方向移动＿＿＿＿mm。

（6）检查第四锁是否有锁紧、放松功能？指令是否为 M10、M11？

2. 计算

根据图 2 – 5，计算 CNC 刻字编程坐标值。

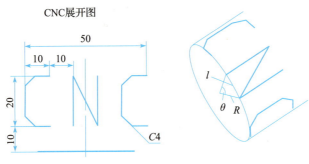

图 2 – 5　刻字坐标值

弧长与圆心角度的计算公式为

$$l = \frac{\theta \pi R}{180}$$

$$e = \frac{\theta \times 180}{\pi R}$$

式中：θ——为圆心角度数（角度制）；

　　　l——弧长；

　　　R——圆弧半径。

计算弧长所对应的角度，填入表 2 – 4 中。

表 2 – 4　弧长与角度对应值

弧长 l（mm）	角度 θ（°）
10	
6	
4	

3. 输入半径补偿值

$R40$mm 台阶面所形成的厚度有一定的尺寸精度和表面粗糙度要求，加工时用改变刀补方法实现工件的粗、精加工。

（1）粗加工时，可将刀具下刀至 Z0.2mm 台阶底面位置（留 0.2mm 余量）侧刃切削，通过修改移动坐标系 Y 值或修改刀补值的方法实现多刀次切削。那么，如修改工件坐标系 Y 值，是（　　）修改，也可适用于精加工。

　　A. 从小值到大值　　　　　　　　B. 从大值到小值

（2）如使用修改刀补方法，粗加工 R40mm 轮廓时，设置的刀补值（　　　）刀具半径；精加工时，根据测量结果设置刀具半径补偿值。

   A. 大于　　　　　　B. 小于　　　　　　C. 等于

4. 加工

（1）转入自动加工模式，将 G54 中的 Z 值增大 50mm，空运行加工程序，验证加工轨迹是否正确。若轨迹正确，则将 G54 工件坐标系的 Z 值改回原值，进行下一步操作。若不正确，则对照图纸检查并修改加工程序，分析记录程序出错的原因。

（2）采用单段方式对工件进行试切加工，并在加工过程中密切观察加工状态，如有异常现象及时停机检查。分析并记录异常原因。

（3）粗加工完毕后，精确测量加工尺寸，根据测量结果，修改余量参数，再进行精加工。若粗加工尺寸误差较大，分析并记录误差原因。

（4）加工完毕后，检测零件加工尺寸是否符合图纸要求。若合格，将工件卸下；若不合格，根据加工余量情况，确定是否进行修整加工。能修整的要修整加工至图纸要求；不能修整的，详细分析记录报废的原因并给出修改措施。

5. 估算并比较

根据加工路径，估算零件加工时间，并跟实际用时相比较。

五 安全提示

（1）零件安装时注意从卡盘中悬伸不宜过长，保持 50～70mm，夹持操作时确保三个卡爪与工件表面均保持接触。

（2）加工过程中检测工件时，确保其他人员不触碰除急停外的操作按钮，防止机床意外动作伤人。

（3）机床运行时，操作者必须集中精力，交替观察切削区域和屏幕显示，随时处理加工过程中的突发和意外情况等。同组同学禁止出现在操作者身后，可借助两侧观察切削情况。

（4）工件加工后，确保刀具已经远离再进行工件拆卸，避免人员受伤或刀具破损。

（5）工作前需要认真检查夹具与机床固定是否牢靠，夹具功能是否正常。工作后认真清理机床和夹具、辅具等。

拟订计划

一 工艺计划

零件名称：　　　学生姓名：　　　日期：　　　教师签字确认：

序号	工序名称	工序内容	刀具	切削参数			设备	工艺装备	量具	工时(h)
				V_c(m/min)	n(r/min)	a_p(mm)				

任务二

二 编写程序

（1）编写 $R40mm$ 台阶精铣程序。

程序	注释

（2）编写 CNC 刻字程序。

程序	注释

续表

程序	注释

三 审核改进

工艺计划审核		
工序划分	合理：□ 不合理：□	改进措施：
刀具选择	合理：□ 不合理：□	改进措施：
切削参数	合理：□ 不合理：□	改进措施：
设备选择	合理：□ 不合理：□	改进措施：
工艺装备	合理：□ 不合理：□	改进措施：
量具选择	合理：□ 不合理：□	改进措施：
工时划分	合理：□ 不合理：□	改进措施：
加工程序审核		

教师确认签字：_____

注：教师签字后方可进入下一步。

任务实施

一　实操准备

设备准备单				
序号	数量	名称	规格	备注

量具准备单				
序号	数量	名称	规格	备注

刀具准备单				
序号	数量	名称	规格	备注

工具准备单				
序号	数量	名称	规格	备注

 要点提示

步骤	图示	技术要求
1. 装夹工件		（1）注意自定心卡盘夹紧工件，用薄铜皮包裹在工件外面，以免夹伤工件表面； （2）装夹后保证工件外圆柱面的跳动公差不超过 0.02mm
2. 正面加工	加工区域	（1）注意加工中先加工一个正面区域，加工下一个面时，程序不变，只需在偏置 A 值中依次填入 90°、180°、270° 即可； （2）满足先面后孔的加工原则
3. 掉头加工	开口套	（1）掉头加工时，由于铣刀体刃口被加工，直接装夹，夹夹位置有缺失，造成偏心，装夹位置露出过短，会导致刀柄与自定心卡盘发生干涉； （2）采用加开口套的方式，由于反面为刻字加工，夹紧力不必过大，带紧即可
4. 程序仿真与加工	下刀点位置	（1）将编写完的程序输入 CIMCO EDITV7 软件中，进行模拟仿真，验证刀具轨迹路径是否正确； （2）实际加工时，观察下刀点与仿真下刀点是否一致，一致后可以开始试切

三 任务实施记录

1. 记录内容参考

（1）实操过程中遇到的问题或出现的失误、个人总结以及影像资料（照片／视频）等。

（2）其他。

2. 实施记录目的

（1）帮助个人进行知识回顾。

（2）任务结束后的评价展示环节，帮助个人进行内容回顾，提供影像资料，丰富展示汇报内容。

任务实施	备注

 评价与展示

知识目标	➤ 掌握专业术语的描述与专业会话; ➤ 了解常用办公软件的应用; ➤ 了解成本核算; ➤ 了解如何进行结构优化
能力目标	➤ 能够对个人客观总结评价; ➤ 能够使用 PPT 软件制作图片、动画等; ➤ 能够运用专业术语与他人交流; ➤ 能够对机械结构整体方案进行分析优化

一　方案策划

　　结合个人任务实施过程中遇到的问题,从以下几个方面进行作品展示和总结,可以是个人展示（2～3min）,也可以是小组团体展示（5min 以上）。

　　✓ 学习收获

　　✓ 成本核算

　　✓ 结构优化（您认为本作品有哪些可改进的地方）

　　✓ 利用多媒体手段

展示方案大纲	备注

二　评分表

工作页检查		标准：采用 10–9–7–5–3–0 分制给分	
序号	检查项目	教师评分	备注
1	问题导入完成度		
2	工作计划完成度		
分数合计			

实施检查		标准：采用 10–9–7–5–3–0 分制给分	
序号	检查项目	教师评分	备注
1	实施过程 6S 规范		
2	安全操作文明生产		
3	任务实施经济成本		
分数合计			

产品目检			标准：采用 10–9–7–5–0 分制给分	
序号	零件名称	检查项目	教师评分	备注
1	连接杆	铣削表面质量是否符合专业要求		
2	连接杆	CNC 加工特征是否符合图纸要求		
分数合计				

尺寸检查				标准：采用 10 或 0 分制给分				
序号	零件名称	检查项目	学生自评		教师测评			教师评分记录
			实际尺寸	达到要求	实际尺寸	达到要求		
				是　否		是	否	
1	连接杆	$4-8^{+0.022}_{0}$						
2	连接杆	28						
3	连接杆	$R40$						
分数合计								

评价与展示		标准：采用 10–9–7–5–3–0 分制给分	
序号	检查项目	教师评分	备注
1	汇报形式		
2	专业知识的体现		
3	结构优化方案		
4	专业会话		
分数合计			

三 成绩汇总

序号	检查项目	小计	百分制除数	得分（100分）	权重系数	小计	总成绩
1	工作页检查		0.2		0.1		
2	实施检查		0.3		0.1		
3	产品目检		0.2		0.2		
4	尺寸检查		0.3		0.5		
5	评价与展示		0.4		0.1		

四 评估分析

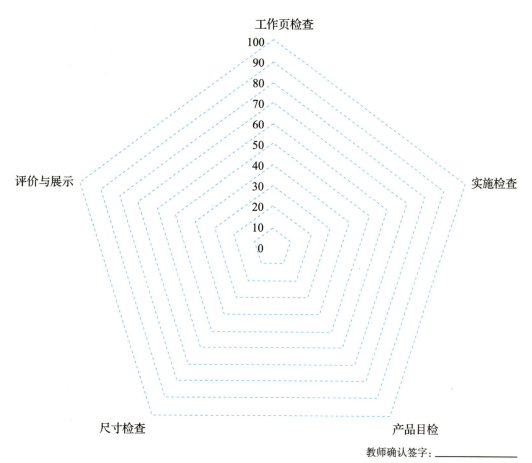

教师确认签字：＿＿＿＿＿＿＿＿

注：教师签字后方可进入下一任务。

主要任务解析

一 工艺计划

零件名称：连接杆　　　学生姓名：　　　日期：　　　教师签字确认：

序号	工序名称	工序内容	刀具	切削参数			设备	工艺装备	量具	工时（h）
				V_c（m/min）	n（r/min）	a_p（mm）				
1	铣	粗铣端面	ϕ10mm 立铣刀	100	3 185	10	四轴CNC	自定心卡盘	卡尺	
2	铣	粗加工 R40mm 台阶	ϕ10mm 立铣刀	100	3 185	5	四轴CNC	自定心卡盘	卡尺	
3	铣	精铣端面	ϕ10mm 立铣刀	150	4 777	20	四轴CNC	自定心卡盘	卡尺	
4	铣	精加工 R40mm 台阶	ϕ10mm 立铣刀	150	4 777	16	四轴CNC	自定心卡盘	卡尺	
5	钻	钻 4 个 ϕ5mm 孔底孔	ϕ4mm 钻头							
	钻	扩 4 个 ϕ5mm 孔	ϕ5mm 钻头							
6	调头找正							杠杆千分表		
7	铣	粗铣端面	ϕ10mm 立铣刀	100	3 185	10	四轴CNC	自定心卡盘	卡尺	
8	铣	精铣端面保证总长	ϕ10mm 立铣刀	150	4 777	20	四轴CNC	自定心卡盘	卡尺	
9	铣	刻字 CNC	A2 中心钻或倒角刀							

二 编写程序

（1）编写 R40mm 台阶精加工程序。

程序	注释
%	
O0021	
G54 G90 G40 M3 S3180	零件端面圆心为坐标原点
G0 Z100 A0（修改 A 角度，加工其余位置）	其余三个角度位置 A90 A180 A270
X–16 Y–30	
Z25	
G1 Z0 F600	刀尖 Z 尝试
G41 G1 X56 Y–48 D1	使用刀具半径补偿功能
G3 X16 Y–8 R40	铣削轮廓

续表

程序	注释
G1 X–10	
G40 Y–30	取消刀补
G0 Z100	加工完成，抬刀
M30	程序结束
%	

（2）编写 CNC 刻字程序。

程序	注释
%	
O0022	
G54 G90 G40 M3 S3180	
G0 Z100 A– [15*180/3.14159/20]（1 =15）	C 字下刀点
X30 Y0	
Z25	
G1 Z19.8 F160	
A– [21*180/3.14159/20]	C 字加工
X26 A– [25*180/3.14159/20]	C4mm 倒角
X14	
X10 A– [21*180/3.14159/20]	C4mm 倒角
A– [15*180/3.14159/20]	
G0 Z25	C 字加工线束抬刀
X10 A– [5*180/3.14159/20]	N 字下刀定位
G1 Z–19.8	Z 深度
X30	
X10 A[5*180/3.14159/20]	
X30	N 字加工
G0 Z25	N 字加工线束抬刀
X30 A[25*180/3.14159/20]	C 字加工线束抬刀
G1 Z–19.8	Z 深度
A[19*180/3.14159/20]	
X26 A[15*180/3.14159/20]	C4mm 倒角
X14	
X10 A[19*180/3.14159/20]	C4mm 倒角
A[25*180/3.14159/20]	
G0 Z100	C 字加工线束抬刀
M30	程序结束
%	

三 审核改进

工艺计划审核		
工序划分	合理：□ 不合理：□	改进措施：
刀具选择	合理：□ 不合理：□	改进措施：
切削参数	合理：□ 不合理：□	改进措施：
设备选择	合理：□ 不合理：□	改进措施：
工艺装备	合理：□ 不合理：□	改进措施：
量具选择	合理：□ 不合理：□	改进措施：
工时划分	合理：□ 不合理：□	改进措施：
加工程序审核		

教师确认签字：_____

注：教师签字后方可进入下一步。

拓展知识

圆

在一个平面内，围绕一个点并以一定长度为距离旋转一周所形成的封闭曲线叫作圆（Circle），如图2-6所示。在平面内，圆是到定点的距离等于定长的点的集合。

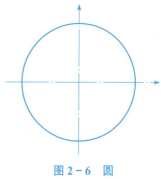

图2-6　圆

圆是一种几何图形。根据定义，通常用圆规来画圆。圆有无数条半径和无数条直径，圆的直径 $d=2r$。圆是轴对称、中心对称图形，对称轴是直径所在的直线。同时，圆又是"正无限多边形"，而"无限"只是一个概念。圆可以看成由无数个无限小的点组成的正多边形，当多边形的边数越多时，其形状、周长、面积就都越接近于圆。所以，世界上没有真正的圆，圆实际上只是一种概念性的图形（当直线成为曲线即为无限点，因此也可以说有绝对意义的圆）。

圆形一周的长度，就是圆的周长。能够完全重合的两个圆叫等圆。

弧

圆上任意两点间的部分叫作圆弧，简称弧（Arc），以"⌒"表示。大于半圆的弧称为优弧，小于半圆的弧称为劣弧，所以半圆既不是优弧，也不是劣弧。优弧一般用三个字母表示，劣弧一般用两个字母表示。优弧是所对圆心角大于180°的弧，劣弧是所对圆心角小于180°的弧。

在同圆或等圆中，能够互相重合的两条弧叫作等弧。

圆的周长 C 公式：

$$C=2\pi r$$

圆的面积计算公式：

$$S=\pi r^2$$

圆的标准方程：

在平面直角坐标系中，以点 $O(a,b)$ 为圆心，以 r 为半径的圆的标准方程是

$$(x-a)^2+(y-b)^2=r^2$$

特别地，以原点为圆心，以半径为 r（$r>0$）的圆的标准方程为

$$x^2+y^2=r^2$$

圆的参数方程：

以点 $O(a,b)$ 为圆心，以 r 为半径的圆的参数方程是

$$x=a+r\cos\theta$$

$$y = b + r\sin\theta$$

其中，θ 为参数。

圆心角

圆心角是指在中心为 O 的圆中，过弧 AB 两端的半径构成的 $\angle AOB$，称为弧 AB 所对的圆心角，如图 2-7 所示。圆心角等于同一弧所对的圆周角的两倍。

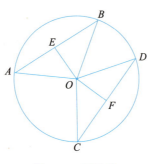

图 2-7　圆心角

弧长

曲线的弧长也称为曲线的长度，是曲线的特征之一。不是所有的曲线都能定义长度，能够定义长度的曲线称为可求长曲线。如图 2-8 所示，半径为 R 的圆中，$n°$ 的圆心角 α 所对圆弧的弧长为 $n\pi R/180°$。

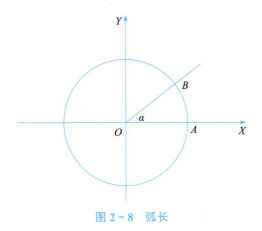

图 2-8　弧长

弧度

在数学和物理中，弧度是角的度量单位。它是由国际单位制导出的单位，单位缩写是 rad。定义为，弧长等于半径的弧，其所对的圆心角为 1 弧度，即两条射线从圆心向圆周射出，形成一个夹角和夹角正对的一段弧。

根据定义，一周的弧度数为 $2\pi r/r = 2\pi$，$360°$ 角 $= 2\pi$ 弧度。因此，1 弧度约为 $57.3°$，即 $57°17'44.806''$，$1°$ 为 $\pi/180$ 弧度，近似值为 0.01745 弧度，周角为 2π 弧度，

平角为 π 弧度，直角为 $\pi/2$ 弧度。

在具体计算中，角度以弧度给出时，通常不写弧度单位，直接写值。最典型的例子是三角函数，如 $\sin 8\pi$、$\tan(3\pi/2)$。

在数学中，圆弧长公式为 $n\pi r/180$，在这里 n 就是角度数，即圆心角 α 所对应的弧长。具体如图 2-9 所示。

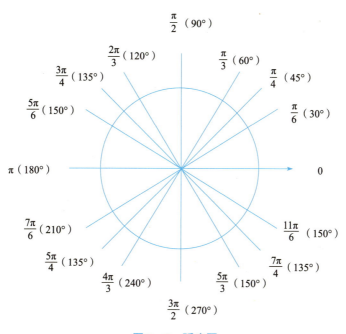

图 2-9 弧度图

但如果我们利用弧度的话，以上的式子将会变得更简单，即弧长 $=|\alpha|r$，即 α 的大小与半径之积（注意，弧度有正负之分）。

特殊角的角度与弧度如表 2-5 所示。

表 2-5 特殊角的角度与弧度

角度	0°	30°	45°	60°	90°	120°	135°	150°	180°	270°	360°
弧度	0	$\pi/6$	$\pi/4$	$\pi/3$	$\pi/2$	$2\pi/3$	$3\pi/4$	$5\pi/6$	π	$3\pi/2$	2π

任务图纸

固定孔零件的图纸如图 3-1 所示。

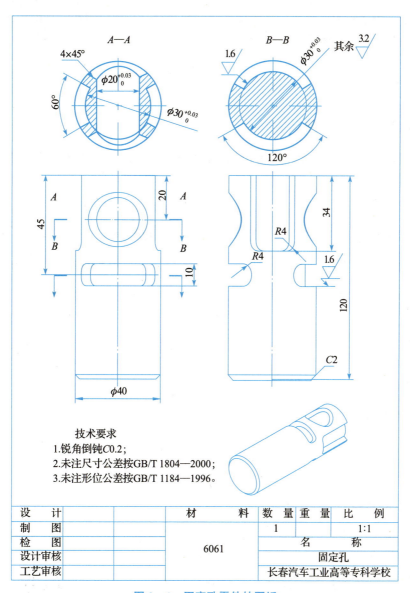

技术要求

1. 锐角倒钝C0.2；
2. 未注尺寸公差按GB/T 1804—2000；
3. 未注形位公差按GB/T 1184—1996。

设 计			材 料	数 量	重 量	比 例
制 图				1		1:1
检 图			6061	名 称		
设计审核				固定孔		
工艺审核				长春汽车工业高等专科学校		

图 3-1　固定孔零件的图纸

任务要求

本任务是固定孔零件的加工，使用多轴机床加工制作。通过本任务的学习，受训者掌握机床日常维护与操作，学会多轴机床建立坐标系的方法以及机床操作。固定孔零件数量为 30 件，来料加工，材料为 6061 铝合金，毛坯尺寸为 $\phi 40mm \times 125mm$，根据图 3-1 要求，采用四轴数控铣床进行加工，并完成检验。

素养园地

文化是一个国家、一个民族的灵魂。文化兴则国运兴，文化强则民族强。文化自信是更基础、更广泛、更深厚的自信，是一个国家、一个民族发展中最基本、最深沉、最持久的力量。中华优秀传统文化是中华文明的智慧结晶和精华所在，是中华民族的根和魂，是我们在世界文化激荡中站稳脚跟的根基。

引导问题

一 阅读生产任务单

根据表 3-1 中的加工要求，说出加工固定孔零件的难点有哪些，采用普通铣床能否完成加工。

表 3-1 固定孔零件生产任务单

需方单位名称				完成日期	年 月 日
序号	产品名称	材料	数量	技术标准、质量要求	
1	固定孔零件	6061 铝合金	30 件	根据图纸要求	
2					
3					
生产批准时间	年 月 日	批准人			
通知任务时间	年 月 日	发单人			
接单时间	年 月 日	接单人		生产班组	

二 图纸分析

（1）分析零件图纸，在表 3-2 中写出固定孔零件的主要加工尺寸、表面质量要求，进行相应的尺寸公差计算，为零件的编程做准备。

表 3 - 2　固定孔零件质检单

序号	项目	内容	偏差范围（数值）
1	主要加工尺寸		
2			
3			
4			
5			
6			
7			
8			
9			
10			
11	表面质量要求		

（2）该零件的主要定位尺寸有哪些？定形尺寸有哪些？

三　工艺分析

1. 选择设备

你选择何种数控机床加工该固定孔轴零件？写出机床型号。

2. 确定固定孔零件的定位基准和装夹方式

零件外表面已车削完成，所以采用＿＿＿＿＿＿装夹工件，并选择＿＿＿＿＿毛坯外圆柱面作为定位基准。

3. 确定固定孔零件的加工顺序

依据图 3 - 2 所示的固定孔零件的工艺特征的加工要求，在图 3 - 2 中标出固定孔零件的加工顺序（用 1、2、3、4 标出）。

4. 确定端铣加工路线

（1）加工 10mm 宽环形槽时，可使用键槽铣刀，可采用斜插式下刀方式［见图 3 - 3 (a)］或从外侧下刀沿 Y 向切入的方式［见图 3 - 3 (b)］，＿＿＿＿＿＿更有利于保护刀刃。

图3-2 固定孔零件的工艺特征

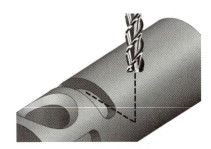

（a）斜插式　　　　　　　　　（b）外侧下刀沿Y向切入

图3-3 下刀方式

（2）加工10mm宽环形槽R4mm圆角时，可以使用φ8mm平底刀，在拐角处自然形成R4mm圆角，请绘制10mm宽环形槽加工刀具路线展开图。

（3）在加工60°夹角槽时，也可采用上述方法，请绘制刀具路线展开图。

（4）在加工此轮廓时，在图3-4所示的回转零件刀轴示意图中，选择刀轴（　　　）更合适。

　　A. 1　　　　　　　　　B. 2

图 3 - 4　回转零件刀轴示意图

两种刀轴各有什么特点?

在加工时，粗加工用什么方法?

5. 加工 4×45° 斜面

（1）加工 4×45° 斜面，可使用（　　　）加工。

　A. 立铣刀　　　　　B. 倒角刀　　　　　C. 面铣刀

（2）加工 4×45° 斜面时，第四轴是否需要联动加工?（　　　　）

A. 不需要，直接倒角

B. 需要，X 轴和 A 轴联动才能保证周边均匀

6. 填写表 3 - 3 所示的数控加工工艺卡

表 3 - 3　固定孔零件数控加工工艺卡

单位名称		产品名称		零件名称		零件图号	
		固定孔					
工序	程序编号	夹具名称		使用设备		车间	工段
工步	工步内容	刀具规格（mm）	主轴转速（r/min）	进给速度（mm/min）	背吃刀量（mm）	备注	
编制		审核		批准		第　页共　页	

四 指令代码

查阅资料，填写表 3－4。

表 3－4　变量指令

指令	名称	编程格式	用途
GOTO			
IF GOTO			
WHILE DO END			

运算符	数学表达实例	编程格式	用途
=			
+			
−			
×			
÷			
EQ/NE			
GT/GE			
LT/LE			
SIN			
COS			

常用变量和流程控制指令的名称、编程格式及用途：变量是可以存储数据的_____，局部变量是特定程序_____的，也就是说不同程序的同名变量存储地址_____，命名范围为 #_____至 #_____。公共变量是机床内部全体程序_____的，同名变量地址_____，命名范围为 #_____至 #_____（掉电丢失）和 #_____至 #_____（掉电保存）。

五 机床夹具、辅具的日常保养

（1）四轴机床夹具日常保养的内容有哪些？

（2）电气和气动系统保养内容有哪些？

（3）机床常用夹具的检验项目有哪些？如何判断是否可以继续使用？

（4）根据加工对象及所用刀具，选择本次加工所用的切削液，并记录切削液名称。

 安全提示

（1）零件安装时，注意工件从卡盘中悬伸不宜过长，应保持 55～70mm，避免切削 ϕ20mm 孔时产生振动或移位，夹持操作时确保三个卡爪与工件表面均匀接触。

（2）加工过程中检测工件时，确保其他人员不触碰除"急停"以外的操作按钮，防止机床发生意外动作伤人。

（3）机床运行时，操作者必须集中精力，交替观察切削区域和屏幕信息，随时处理加工过程中的突发和意外情况。同组同学禁止出现在操作者身后，可借助机床侧向窗口观察切削情况。

（4）加工完成后，确保刀具远离工件后再进行测量或拆卸，避免人员受伤或刀具破损。

（5）加工前仔细检查 ϕ20mm 孔的铣削程序，是否有 A 轴旋转命令，避免损坏刀具。

（6）在铣削 ϕ20mm 孔时需要注意工件振动、变形、冷却和排屑的情况，避免产生打刀、飞件或工件变形等情况。

（7）工作前，需要认真检查夹具与机床的安装是否牢固，夹具功能是否正常。

（8）工作后，认真清理机床和夹具、辅具，拆卸主轴上的刀具，并将工作台移动至平衡位置。

拟订计划

一 工艺计划

零件名称：　　　　学生姓名：　　　　日期：　　　　教师签字确认：

序号	工序名称	工序内容	刀具	切削参数			设备	工艺装备	量具	工时(h)
				V_c（m/min）	n（r/min）	a_p（mm）				

任务三

 编写程序

（1）在图 3-5 所示的固定孔零件坐标系中，标记出原点位置和 X、Y、Z、A 坐标轴正方向。

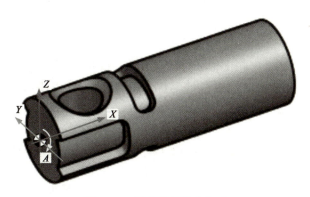

图 3-5　固定孔零件坐标系

（2）$4\times45°$ 斜面编程。

1）加工编程方法。

在加工斜面时，需要 X、A 轴联动才可能顺利完成，刀具沿着 $\phi40$mm 圆柱与 $\phi20$mm 孔口交线进行走刀，刀具路径展开后为一个整圆。因此在编程时，可将平面整圆缠绕在圆柱面上，此时需要将 Y 轴的坐标转换为 A 轴坐标。固定孔零件缠绕图如图 3-6 所示。

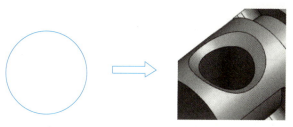

图 3-6　固定孔零件缠绕图

任务中的弧长、弧度转换公式如下：

$$e = \frac{l \times 180}{\pi R}$$

可根据圆的方程，使用宏程序算式计算出圆上各点的 X、Y、Z 坐标，再将 Y 坐标按弧长转为 A 坐标，最后使用 G01 指令逐点拟合形成整圆路径，即可完成编程。

2）圆的方程。

圆的标准方程：

$$(x-a)^2 + (y-b)^2 = R^2$$

圆的参数方程：

$$x = a + r\cos\theta$$
$$y = b + r\sin\theta$$

式中，(a, b)——圆心坐标；

r——圆半径；

θ——半径与 x 轴的夹角；

(x, y)——经过的点的坐标。

3）数学计算。

采用近似方法加工圆，将圆均分若干微小直线段，各节点坐标可通过圆参数方程 $X = r\cos\theta$，$Y = r\sin\theta$ 求出，先将 Y 值进行弧度转换，再通过 G01 插补指令近似加工圆。

根据以上分析，可得到柱面走圆时，A 轴坐标的宏程序表达式为

_____

（3）柱面槽编程。

1）使用 ϕ8mm 刀具加工宽 10mm 的 120° 环形槽时，使用 A 轴替换 Y 轴的方式编程，在计算时应按照（　　）计算。

A. 槽底位置处半径 R　　　　　　　　B. 槽顶位置处半径 R

2）120° 槽两端 A 轴方向刀具中心定位点处，A 轴角度坐标值范围是（　　）°～（　　）°。

3）使用 ϕ8mm 刀具加工 60° 前方开口槽时，两端 A 轴方向刀具中心定位点处，A 轴角度坐标值范围是（　　）°～（　　）°。

（4）编写关键精加工程序。

1）编写 ϕ20mm 通孔精铣程序。

程序	注释

2）编写 60° 开口槽精铣程序。

程序	注释

3）编写宽 10mm 的 120° 环形槽精加工程序。

程序	注释
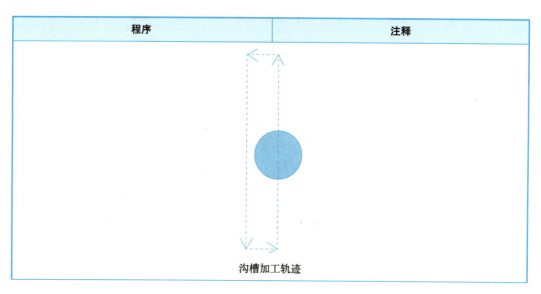 沟槽加工轨迹	

续表

程序	注释

4）编写 4×45° 斜面精铣程序。

程序	注释
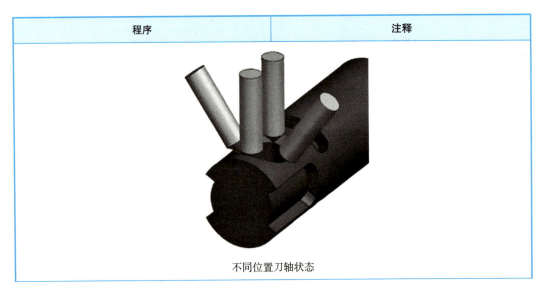	

不同位置刀轴状态

续表

程序	注释

 **审核改进**

工艺计划审核		
工序划分	合理：☐ 不合理：☐	改进措施：
刀具选择	合理：☐ 不合理：☐	改进措施：
切削参数	合理：☐ 不合理：☐	改进措施：
设备选择	合理：☐ 不合理：☐	改进措施：
工艺装备	合理：☐ 不合理：☐	改进措施：
量具选择	合理：☐ 不合理：☐	改进措施：
工时划分	合理：☐ 不合理：☐	改进措施：
加工程序审核		

教师确认签字：_____

注：教师签字后方可进入下一步。

任务三

任务实施

一 实操准备

设备准备单				
序号	数量	名称	规格	备注

量具准备单				
序号	数量	名称	规格	备注

刀具准备单				
序号	数量	名称	规格	备注

工具准备单				
序号	数量	名称	规格	备注

任务三

二　要点提示

步骤	图示	技术要求
1. 安装工件	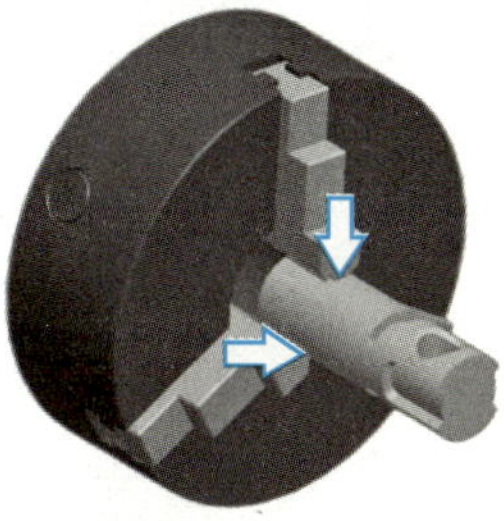	（1）注意卡盘爪与工件表面可靠接触，如箭头所示； （2）装夹后保证工件外圆柱面的跳动公差不超过 0.02mm
2. 刀具干涉验证		（1）注意加工中各组合刀具的刀柄、主轴端部与卡盘爪 X 向和 Z 向在工件坐标系中的极限位置，以便检查程序是否会产生碰撞； （2）检验刀具悬伸长度，是否符合加工深度的需求，特别是 ϕ20mm 孔加工刀具
3. 镗刀调整	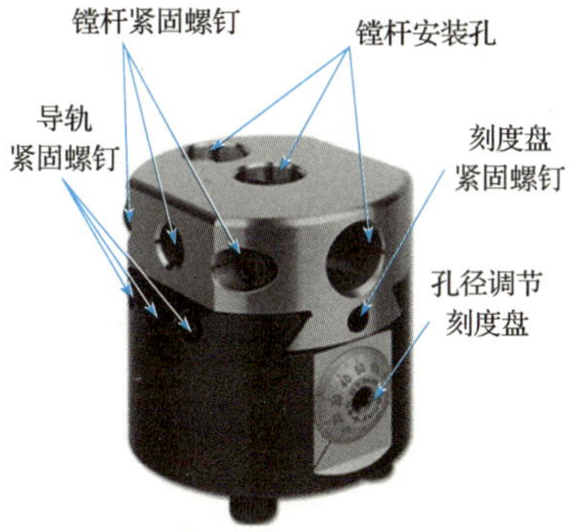	（1）将镗头安装在主轴上，检验刀尖的圆周朝向，调整刀尖至数控系统设定的退刀相反方向； （2）选择镗杆直径小于 ϕ16mm，安装镗杆至安装孔，选择最接近中心的安装孔，锁紧镗杆紧固螺钉； （3）松开导轨紧固螺钉，松开刻度盘紧固螺钉，调节刻度盘； （4）依次锁紧刻度盘紧固螺钉和导轨紧固螺钉； （5）试镗，如不满足孔径要求，则重复上面（3）（4）两步
4. 程序验证	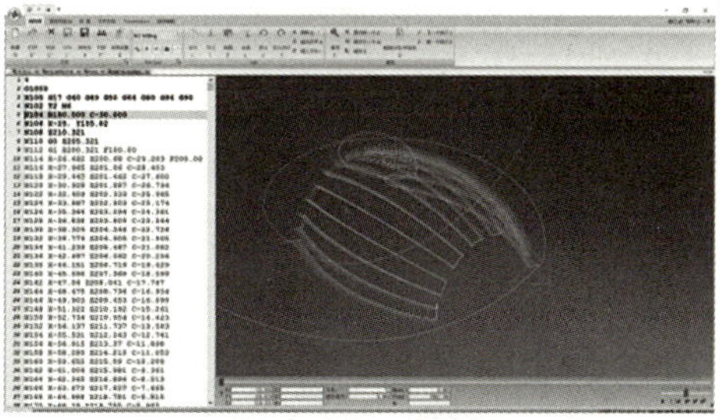	（1）检验刀具路径运行范围，包括 $X\backslash Y\backslash Z\backslash A$，识别碰撞或过切等风险并及时解决，以确保安全； （2）确定刀具切入切出的具体位置，以便调试时判断刀具位置的可靠性
5. 试切与加工		（1）检查 A 轴锁紧松开的状态是否正常； （2）导入验证过的加工程序，调整刀补参数预留余量； （3）使用空运行方式控制进给速度，验证切入点位置，开始试切； （4）检验试切尺寸，调整参数后正式加工

三　任务实施记录

1. 记录内容参考

（1）实操过程中遇到的问题或出现的失误、个人总结以及影像资料（照片／视频）等。

（2）其他。

2. 实施记录目的

（1）帮助个人进行知识回顾。

（2）任务结束后的评价展示环节，帮助个人进行内容回顾，提供影像资料，丰富展示汇报内容。

任务实施	备注

评价与展示

知识目标	➤ 掌握专业术语的描述与专业会话； ➤ 了解常用办公软件的应用； ➤ 了解成本核算； ➤ 了解如何进行结构优化
能力目标	➤ 能够对个人客观总结评价； ➤ 能够使用 PPT 软件制作图片、动画等； ➤ 能够运用专业术语与他人交流； ➤ 能够对机械结构整体方案进行分析优化

一　方案策划

结合个人任务实施过程中遇到的问题，从以下几个方面进行作品展示和总结，可以是个人展示（2～3min），也可以是小组团体展示（5min 以上）。

✓ 学习收获
✓ 成本核算
✓ 结构优化（您认为本作品有哪些可改进的地方）
✓ 利用多媒体手段

展示方案大纲	备注

 评分表

工作页检查		标准：采用 10-9-7-5-3-0 分制给分	
序号	检查项目	教师评分	备注
1	问题导入完成度		
2	工作计划完成度		
分数合计			

实施检查		标准：采用 10-9-7-5-3-0 分制给分	
序号	检查项目	教师评分	备注
1	实施过程 6S 规范		
2	安全操作文明生产		
3	任务实施经济成本		
分数合计			

产品目检			标准：采用 10-9-7-5-0 分制给分	
序号	零件名称	检查项目	教师评分	备注
1	固定孔	铣削表面质量是否符合专业要求		
2	固定孔	各倒角加工特征是否符合图纸要求		
分数合计				

尺寸检查			标准：采用 10 或 0 分制给分					
序号	零件名称	检查项目	学生自评			教师测评		教师评分记录
			实际尺寸	达到要求		实际尺寸	达到要求	
				是	否		是	否	
1	固定孔	$\phi 20^{+0.03}_{0}$							
2	固定孔	$\phi 30^{+0.03}_{0}$							
3	固定孔	20							
分数合计									

评价与展示		标准：采用 10-9-7-5-3-0 分制给分	
序号	检查项目	教师评分	备注
1	汇报形式		
2	专业知识的体现		
3	结构优化方案		
4	专业会话		
分数合计			

三　成绩汇总

序号	检查项目	小计	百分制除数	得分（100分）	权重系数	小计	总成绩
1	工作页检查		0.2		0.1		
2	实施检查		0.3		0.1		
3	产品目检		0.2		0.2		
4	尺寸检查		0.3		0.5		
5	评价与展示		0.4		0.1		

四　评估分析

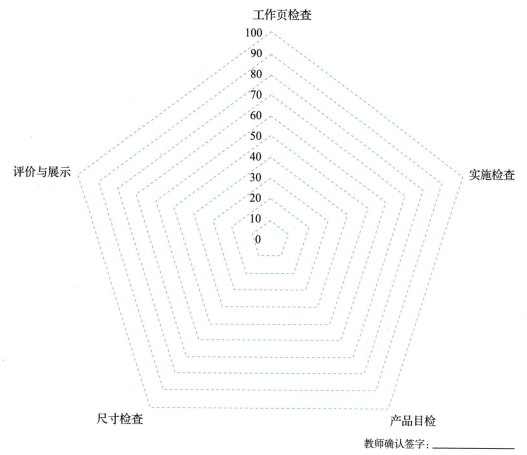

教师确认签字：_____

注：教师签字后方可进入下一任务。

主要任务解析

 一 **工艺计划**

零件名称：固定孔　　学生姓名：　　日期：　　教师签字确认：

序号	工序名称	工序内容	刀具	切削参数			设备	工艺装备	量具	工时（h）
				V_c（m/min）	n（r/min）	a_p（mm）				
1		找正装夹					DMG CMX	自定心卡盘	杠杆表	
2	铣	粗、精铣 ϕ20mm 通孔	ϕ12mm 立铣刀	100	2 650	10	DMG CMX	自定心卡盘	卡尺	
3	铣	粗、精铣 60° 开口槽	ϕ8mm 立铣刀	100	4 000	5	DMG CMX	自定心卡盘	25～50外径千分尺	
4	铣	粗、精铣 120° 环形槽	ϕ8mm 立铣刀	100	4 000	5	DMG CMX	自定心卡盘	25～50外径千分尺	
5	铣	铣 4×45° 斜面	ϕ10mm-90° 倒角刀	100	3 200	4	DMG CMX	自定心卡盘	卡尺	
6	钳工	去飞边								

二 **编写程序**

（1）编写 ϕ20mm 通孔精铣程序。

程序	注释
%	
O0003	精铣 ϕ20mm 通孔程序
T2M6	换 ϕ12mm 立铣刀
G54 G90 G00 G17 X20 Y0 M3 S2650	快速定位至圆心，以 2 650r/min 起动主轴
G43 G00 Z−21 H02	下刀并引入长度补偿
G52 X20 Y0	平移工件原点至 X20 Y0
G41 G01 X2 Y−8 D02 F800	加半径补偿并移动至导入弧的起点
G03 X10 Y0 R8	导入弧
G03 I−10 J0	铣型腔
G03 X2 Y8 R8	导出弧
G40 G01 X0 Y0	回圆心取消半径补偿
G49 G00 Z100	抬刀取消长度补偿
G52 X0 Y0	取消坐标平移
M05	主轴制动
M30	程序停止
%	

（2）编写 60° 开口槽精铣程序。

程序	注释
%	
O0002	精铣 60° 开口槽
T1M6	换 ϕ8mm 立铣刀
G54 G90 G00 G17 M3 S4777	
G43 Z100 H1	
#1=−4	粗加工，初始 X 最右边坐标，精加工时 #1=30
N1 G0 X−8 Y0 A75.2789	XY 平面下刀点
G1 Z15.008 F955	Z 轴至下刀深度
X#1	加工至槽右侧面
A104.7211	A 轴旋转至另一边
X−8	加工平行于 X 轴的直边
#1=#1 + 0.5	行距 0.5mm
IF [#1 LE 30] GOTO1	X 坐标从 −4 至 30 定位
G0 Z100	抬刀
G49	
M30	
%	

（3）编写宽 10mm 的 120° 环形槽精铣程序。

程序	注释
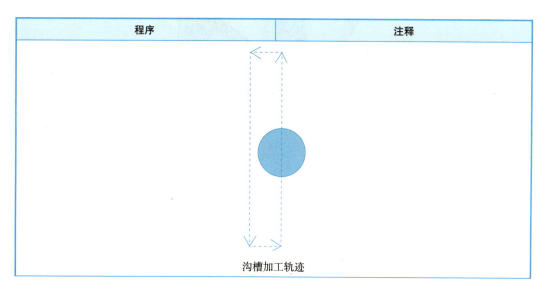	

沟槽加工轨迹

任务三

续表

程序	注释
%	
O0001	精加工 120° 宽 10mm 环形槽
T1M6	换 ϕ8mm 立铣刀
G54 G90 G00 G17 M3 S4777	
G43 Z100.H1	
G0 X46. 005 Y–20 A0	XY 平面下刀点
G1 Z15.008 F955	Z 轴至下刀深度
Y0	从槽底 –Y 方向外侧切入
A–44.721	加工右侧壁
X43.995	至左侧壁
A44.721	
X46.005	
Y0	
G0 Z100	抬刀
G49	
M30	
%	

（4）编写 4×45° 斜面精铣程序。

程序	注释

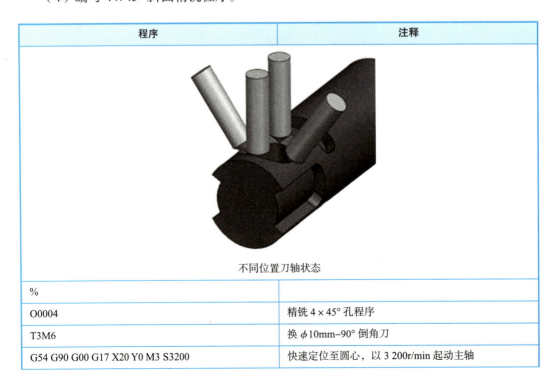

不同位置刀轴状态

程序	注释
%	
O0004	精铣 4×45° 孔程序
T3M6	换 ϕ10mm–90° 倒角刀
G54 G90 G00 G17 X20 Y0 M3 S3200	快速定位至圆心，以 3 200r/min 起动主轴

续表

程序	注释
G43 Z–4 H03	下刀并引入长度补偿
G52 X20 Y0	平移工件原点至 X20 Y0
G41 G01 X10 Y0 D03 F400	加半径补偿并移动至圆起点
#1=0	变量 #1 初始化
WHILE[#1 LE 365] DO1	循环条件设置
#1=#1 + 3	角度自增 3°
#24=10*COS[#1]	计算 ϕ20mm 圆弧点 X 坐标
#25=10*SIN[#1]	计算 ϕ20mm 圆弧点 Y 坐标
#27=#25*180/[15*3.14159]	换算缠绕弧 Y–A 坐标
G01 X#24 A#27 F400	直线进给 X–A 联动铣圆弧
END 1	循环体结束
G40 G01 X0 Y0	回圆心取消半径补偿
G49 G00 Z100	抬刀取消长度补偿
G52 X0 Y0	取消坐标平移
M05	主轴制动
M30	程序停止
%	

三　审核改进

工艺计划审核		
工序划分	合理：□ 不合理：□	改进措施：
刀具选择	合理：□ 不合理：□	改进措施：
切削参数	合理：□ 不合理：□	改进措施：
设备选择	合理：□ 不合理：□	改进措施：
工艺装备	合理：□ 不合理：□	改进措施：
量具选择	合理：□ 不合理：□	改进措施：
工时划分	合理：□ 不合理：□	改进措施：
加工程序审核		

教师确认签字：＿＿＿＿＿

注：教师签字后方可进入下一步。

任务三

拓展知识

宏编程

 一　宏程序

用户把实现某种功能的一组指令像子程序一样预先存入存储器中，用一个指令代表一个存储功能，在程序中只要指定该指令就能实现这个功能。把这一组指令称为用户宏程序本体，简称宏程序；把代表指令称为用户宏程序调用指令，简称宏指令。宏程序允许使用变量、算术和逻辑运算及条件分支，使用户可以自行编辑软件包、固定循环程序。

二　变量

普通程序总是将一个具体的数值赋给一个地址，如 G01 和 X120.0，为了使程序更具通用性、灵活性，在宏程序中引用了变量。当使用变量时，变量值可以由程序或 MDI 面板设定。

例如：#1=10；

G01 X#1 F500。

（1）变量的表示方法：一个变量由变量符号"#"和变量值组成，如 $\#i$（i=0，1，2，3…）。

例如：#1 #100。

（2）变量值的表示：在程序中定义变量时，可以省略小数点。

例如：当 #1=123 被定义时，变量 #1 的实际值为 123.000。

（3）变量的类型：

局部变量：#1～#33。

公共变量：#100～#199、#500～#999。

系统变量：#1000 以上。

（4）变量的引用：

1）为了在程序中引用变量，指定一个地址字其后跟一个变量号。例如：G01 X#1。

2）当用表达式指定一个变量时，必须用方括号括起来。例如：G01 X[#1 + #2] F#3。

3）取引用的变量值的相反值时，可以在"#"号前加"–"号。例如：G00 X–#1。

 三　常用运算指令

常用运算指令见表 3–5。

表 3–5　FANUC Oi 算术和逻辑运算一览

功能	格式	备注 / 示例
定义、转换	$\#i=\#j$	#100=#1，#100=20.0
加法	$\#i=\#j+\#k$	#100=#101+#102
减法	$\#i=\#j-\#k$	#101=#80–#103
乘法	$\#i=\#j*\#k$	#102=#1*#2
除法	$\#i=\#j/\#k$	#103=#101/#25.0

续表

功能	格式	备注 / 示例
正弦 反正弦 余弦	#i=sin[#j] #i=asin[#j] #i=cos[#j]	角度以度为单位，如：80°30′表示成80.5° #100=sin[#101]
反余弦 正切 反正切	#i=acos[#j] #i=tan[#j] #i=atan[#j]	#100=cos[#38.3+#24.8] #100=tan[#1/#2]
平方根 绝对值 舍入 上取整 下取整 自然对数 指数函数	#i=SQRT[#j] #i=ABS[#j] #i=ROUND[#j] #i=FIX[#j] #i=FUP[#j] #i=LN[#j] #i=EXP[#j]	#105=SQRT[#100] #106=ABS[-#102] #107=ROUND[#3.414] #108=FIX[#3.4] #109=FUP[#3.4] #110=LN[#3] #111=EXP[#12]
或 异或 与	#i=#jOR#k #i=#jXOR#k #i=#jAND#k	逻辑运算一位一位地按二进制执行
将 BCD 码转换成 BIN 码 将 BIN 码转换成 BCD 码	#i=BIN[#j] #i=BCD[#j]	用于与 PMC 间信号的交换

四 转移与循环语句

在一个程序中，控制程序的流向可以用 GOTO、IF 语句。有三种转移与循环语句可供使用。

1. 无条件转移（GOTO 语句）

（1）功能：无条件转移到标有顺序号为 n 的程序段。

（2）格式：GOTO n;　　　　　n 是顺序号（1～9 999）

例如：GOTO 100。表示跳转到顺序号为 100 的程序段。

2. 条件转移（IF 语句）

（1）功能：如果指定的条件表达式满足，则转移到标有顺序号为 n 的程序段；如果不满足指定的条件表达式，则执行下一个程序段。

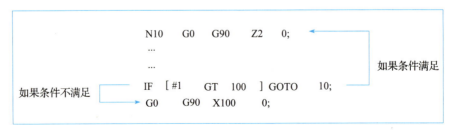

（2）格式：IF[条件表达式]GOTO n。

n：程序段号。

条件表达式：一个条件表达式一定要有一个运算符，这个运算符插在两个变量或一个变量和一个常量之间，并且要用方括号括起来，即［表达式、操作符、表达式］。

常用关系运算符见表 3 - 6。

表 3 - 6　常用关系运算符

关系运算符	含义
EQ	等于 (=)
NE	不等于 (≠)
GT	大于 (>)
GE	大于或等于 (≥)
LT	小于 (<)
LE	小于或等于 (≤)

3. 循环（WHILE 语句）

（1）功能：在 WHILE 后指定一个条件表达式，当条件满足时，执行 DO 到 END 之间的程序段，否则执行 END 后的程序段。

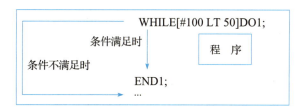

（2）格式：WHILE[条件表达式]DO m；

…

END m；

…

m 只能在 1、2、3 中取值。

旋转轴 A 的角度控制

 刀具轮廓接触线

加工固定孔零件型腔倾斜侧面时，为了保证斜面角度要求，需要通过 A 轴旋转与 Y 轴直线复合动作，保持工件与刀具接触线的位置和姿态，如图 3 - 7 中轴转角顺序所示。

根据任务零件要求，两槽侧母线互成 120° 夹角的两个侧面在精加工时需要确保刀位点 Y 轴坐标值为 $-r$（刀具半径），如图 3 - 7（a）所示，同时 A 轴保持 60° 的角度，如图 3 - 7（b）所示。加工 120° 槽的过程如图 3 - 7 所示，可以先完成槽左侧的加工过程，右侧加工比照进行。

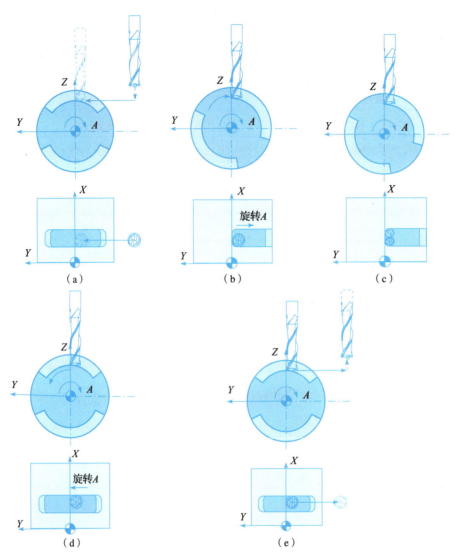

图 3-7 加工 120° 槽的过程

...

G43 Z100 H1

G00 X46.005 Y-30 A0　　　　　XY 平面下刀点

G01 Z15.008 F955　　　　　　 Z 轴下刀至槽底深度

　　　Y-4　　　　　　　　　 从 -Y 方向外侧切入，停留至接触线与 Y0 重合

A60　　　　　　　　　　　　 使用 A 轴进给加工右侧壁

X43.995　　　　　　　　　　 沿 X 轴进给至左侧壁

A0　　　　　　　　　　　　　 使用 A 轴进给加工左侧壁

Y-30　　　　　　　　　　　　 沿 +Y 方向退刀

G0 Z100　　　　　　　　　　 抬刀

...

如果不考虑圆角因素，两侧 120° 表面由于为侧刃滚切而成，表面质量和加工效率都是最好的，同时可以保证槽底面与侧面成直角，并且满足直径公差的要求。

二　镗孔加工

在数控铣床上用镗杆和镗刀将工件上已有的孔扩大的加工方法称为镗孔。

镗孔时工件固定在机床上，镗刀装在镗杆上做旋转运动，同时镗杆相对工件作轴向运动，按镗刀的螺旋轨迹切削，形成孔的内表面。孔的形状精度取决于机床主轴的回转精度和工艺系统的刚性，孔径尺寸取决于镗刀的回转半径。

镗孔可用作孔的粗精加工手段，前提是被加工零件上有底孔。镗孔通常用于径向尺寸较大的精密孔的加工，精镗的尺寸精度可达 IT7～IT6、表面粗糙度为 $Ra6.3～0.8\mu m$。此外，镗孔还可以修正前序形成的形状和位置误差，是一种在数控铣床和加工中心上常用的工艺方法。

本任务中 $\phi20mm$ 通孔的精加工，就选用了微调镗刀实施孔的加工。

三　圆柱插补功能及应用

为了方便四轴轮廓加工，FANUC Oi 数控系统提供了旋转轴角度和直线轴移动量混合轮廓编程功能，可以使旋转轴与另一个轴进行直线插补或圆弧插补，并可以使用刀具半径补偿来控制轮廓的尺寸，具体格式如下：

G07.1IPR　　　　　　　　　启用圆柱插补方式（圆柱插补有效）

...

G07.1IP0　　　　　　　　　圆柱插补方式取消

其中，IP 为旋转轴地址，R 为圆柱半径。

在不同的程序段中指定 G07.1IPR 和 G07.1IP0。

启用的步骤如下：

（1）设定旋转轴。用参数（No.1022）指定旋转轴是 X、Y 或 Z 轴，还是这些轴的平行轴。

（2）指定插补平面 G17\G18\G19，这个平面必须包含旋转轴对应的直线轴。当旋转轴平行于 X 轴时，该平面是由旋转轴和 Y 轴所决定的平面–G17。

（3）使用圆柱插补，只能设定一个旋转轴。在圆柱插补方式中，可以用一个旋转轴和另一个直线轴进行圆弧插补。

（G02、G03）指令中使用半径 R 的方法与轴编程方式相同，注意旋转轴的单位不是度，而是毫米（mm，公制输入）或英寸（in，英制输入）。

例：在 Z 轴和 C 轴之间的圆弧插补。

对于 C 轴，可以将参数（No.1022）设为 5（X 轴的平行轴）。在这种情况下，圆弧插补的指令如下：

G18 Z_C_

G02（G03）Z_C_R_

当参数（No.1022）设为 6（Y 轴的平行轴）时，圆弧插补的指令如下：

G19 C_Z_

G02（G03）Z_C_R_

根据图3-8、图3-9，写出凸轮圆柱精加工的程序。

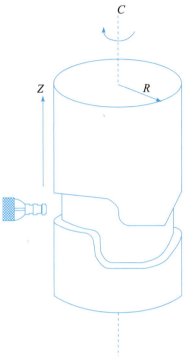

图3-8 凸轮圆柱

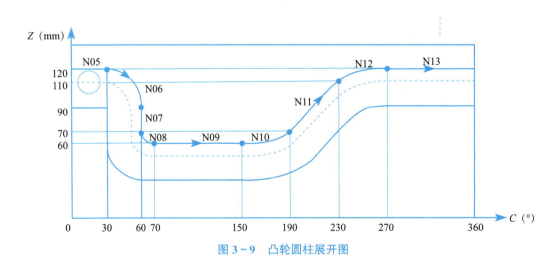

图3-9 凸轮圆柱展开图

00001（CYLINDRICAL INTERPOLATION）：

N01 G00 G90 Z100.0 C0

N02 G01 G91 G18 Z0 C0

N03 G07.1 C57299：＊

N04 G90 G01 G42 Z120.0 D01 F250

N05 C30.0

N06 G03 Z90.0 C60.0 R30.0

NO7 G01 Z70.0

N08 G02 Z60.0 C70.0 R10.0

NO9 G01 C150.0：

N10 G02 Z70.0 C190.0 R75.0

N11 G01 Z110.0 C230.0

N12 G03 Z120.0 C270.0 R75.0

N13 G01 C360.0

N14 G40 Z100.0

N15 G07.1 C0

N16 M30

任务四　凸轮套零件的加工

凸轮套零件的加工

任务图纸

凸轮套零件的图纸如图 4 - 1 所示。

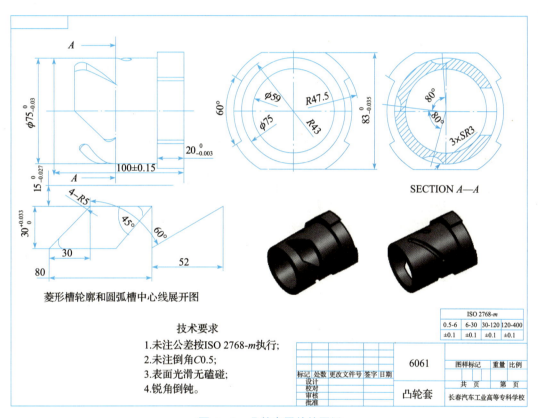

图 4 - 1　凸轮套零件的图纸

任务要求

本任务是凸轮套零件的加工，使用多轴机床加工制作。通过本任务的学习，受训者利用 CAM 软件对四轴联动工件进行编程及机床加工。凸轮套零件数量为 30 件，来料加工，材料为 6061 铝合金，毛坯材料及尺寸见表 4 - 1，外圆表面已加工。生产部门将该生产任务交予数控多轴组完成。

表 4-1　毛坯材料及尺寸

序号	数量	名称	规格	标准	材料	备注
1	1	车削台阶铝合金管	最大尺寸 $\phi 100mm \times 105mm$（$\phi 100mm \times 23mm$、$\phi 76mm \times 22mm$）台阶轴 $\phi 60mm$ 通孔	GB/T 3190—2020	6061	精车毛坯

素养园地

创新精神是社会进步的核心动力。它是勇于突破传统思维的束缚，在未知领域中探索的勇气。拥有创新精神的人，能够从平凡中发现非凡。创新精神还意味着敢于承担风险。新的尝试往往伴随着失败的可能，但正是这些失败为成功积累了经验。它激发着人们的创造力，让想象力展翅翱翔，为生活带来更多的便利与美好。无论是个人的成长还是国家的发展，都离不开创新精神的滋养，它是开启未来之门的一把关键钥匙。

引导问题

一　阅读生产任务单

根据表 4-2 的生产任务要求，使用软件编程和加工凸轮套零件的难点有哪些？

表 4-2　生产任务单

需方单位名称				完成日期	年　月　日
序号	产品名称	材料	数量	技术标准、质量要求	
1	凸轮套零件	6061 铝合金	30 件	根据图纸要求	
2					
3					
生产批准时间	年　月　日		批准人		
通知任务时间	年　月　日		发单人		
接单时间	年　月　日		接单人		生产班组

图纸分析

（1）分析零件图纸，在表4-3中写出凸轮套零件的主要加工尺寸、表面质量要求，并进行相应的尺寸公差计算，为零件的编程做准备。

表4-3 凸轮套零件主要尺寸表

序号	项目	内容	偏差范围（数值）
1	主要加工尺寸		
2			
3			
4			
5			
6			
7			
8			
9			
10	表面质量要求		

（2）使用CAD软件绘制零件三维模型。

1）通过圆柱体或拉伸命令绘制毛坯模型，如图4-2所示，模型体积为_____mm³。

图4-2 毛坯模型

2）如图4-3所示，绘制零件实体模型，可通过拉伸、旋转等命令绘制，对于菱形槽，需要将其包裹在圆柱面内，这个过程需要用到（　　）加工方法。

　A.投影　　　　B.展开　　　　C.缠绕

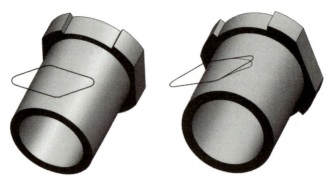

图 4-3　凸轮套建模过程

3）如图 4-4 所示，创建菱形槽的 $4 \times R5mm$ 圆角特征时，（　　）。

A. 在绘制展开图时绘制 $R4mm$ 圆角

B. 首先以尖角绘制展开图，创建实体后再进行模型倒圆角

C. 其他方法_____

图 4-4　菱形槽建模

4）如图 4-5 所示，创建 $SR4mm$ 曲面时，可使用到（　　）命令。

A. 管道　　　　　　B. 扫掠　　　　　　C. 扫掠体　　　　　　D. 球

图 4-5　$SR4mm$ 曲面建模

5）建模完成，如图 4-6 所示，模型体积为_____mm^3。

图 4-6　凸轮套成品

模型创建完成后，在进行四轴数控编程前，需检查曲面是否可以四轴加工，以菱形槽为例，可通过创建曲面等的 UV 参数曲线（如图 4-7 所示）进行分析。

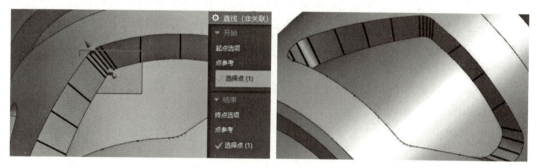

图 4-7　菱形槽 UV 参数曲线图

将 UV 参数曲线的参数移除后，可看到此线为一直线，以此分析四轴加工的可能性。

 **工艺分析**

1. 选择设备
你选择何种数控机床加工该凸轮槽零件？写出机床型号。

2. 确定凸轮槽零件的装夹方式和定位基准
零件外表面已车削完成，所以采用_____装夹工件，并选择_____作为定位基准。

3. 确定凸轮槽零件的加工工艺
（1）凸轮槽零件先加工（　　）端，然后调头找正装夹，再加工（　　）端。
　A. 大　　　　　　　B. 小

（2）根据不同的加工内容，在表4-4中写出相应的加工刀具。

表4-4　刀具选择表

序号	加工内容	刀具类型规格	备注
1	凸轮槽		
2	轴端面及平面		
3	60° 台阶槽		
4	菱形槽		
5	球面槽		

四　指令代码

1. 零件小端特征粗精加工刀路的生成

加工柱面轮廓时，需要 X、A 轴联动才可完成，在 CAM 软件中对柱面特征进行粗加工时，替换轴加工方法刀路策略灵活，应用范围较广。替换轴加工是将 Y/X 轴替换为 A/B 轴，实现四轴联动加工。在使用替换轴编程时，需要提前提取加工区域的边界线，方便对图形进行展开编程。

（1）提取轮廓底面边界线，通过三轴加工策略生成区域加工刀轨，侧边留余量 0.2mm，如图4-8所示。

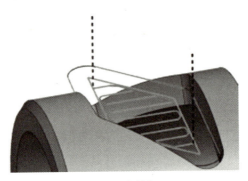

图4-8　定轴加工

（2）生成四轴替换轴粗加工刀路轨迹，可使用后处理或者将刀路转换为曲线后缠绕柱面投影加工，如图4-9所示，最后生成 G 代码。

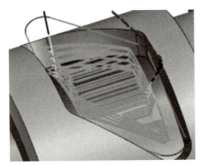

图4-9　四轴缠绕加工

图 4-10 所示为加工结果，轮廓侧壁有一定余量，但四周侧壁明显余量不均匀，这是什么原因？

图 4-10 菱形槽加工结果

当在使用轮廓线生成三轴加工刀轨时，若用于生成刀轨的曲线为特征上边界和特征下边界，是否会产生过切或欠切现象？

（3）使用多轴刀路，生成侧壁精加工刀路，控制刀轴为侧刃切削，通过修改侧壁偏置和部件余量控制尺寸精度。

使用侧刃切削时，要注意检查曲面 UV 线是否为直线（参数线指向轴线）。若非直线，则可创建辅助驱动面。如图 4-11 所示，创建此辅助面最好的方法是（   ）。

　　A. 规律延伸　　　　B. 直纹面　　　　C. 提取面

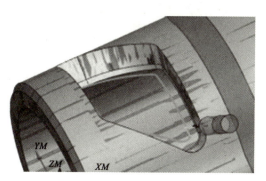

图 4-11 菱形槽侧刃精加工

（4）生成凸轮槽、4×R4mm 加工轨迹。使用 ϕ10mm 平底立铣刀沿轮廓中心线环绕加工，以中心线作为驱动线，刀轴指向圆柱中心线 X 轴，通过修改偏置参数控制槽宽公差。使用 ϕ8mm 球头刀沿缠绕的柱面中心线成形加工，刀轴指向柱面轴线，分多层进行粗精加工。具体如图 4-12 所示。

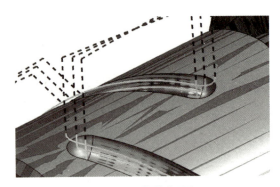

图 4-12　凸轮槽分层加工

2. 大端特征粗精加工刀路的生成

（1）零件调头装夹，使用三轴平面加工策略，生成与平面距离为 83mm 的两个平面粗精加工轨迹。具体如图 4-13 所示。

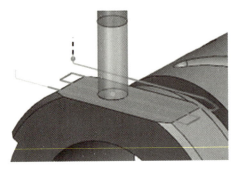

图 4-13　凸轮槽分层加工

（2）生成 120° 槽的粗精加工轨迹。

1）粗加工和精加工底面：使用三轴加工策略生成替换轴轨迹，粗加工和精加工底面，侧壁余量为 0.2mm。根据图 4-14 从刀具位置可观察到，刀轴指向柱面轴线，受刀轴状态限制，在刀具底面难免会留下残积，为尽可能减小残积，选择刀具应（　　），切削步距应（　　）。

A. 越大越好　　　　　　B. 越小越好

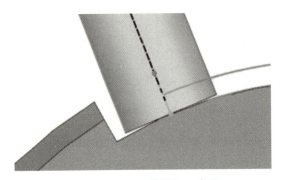

图 4-14　120° 槽精加工底面

2）精加工侧壁：使用多轴加工策略，指定刀轴为侧刃切削，如图 4－15 所示，通过修改侧壁偏置和部件余量控制尺寸精度，生成精加工轨迹。

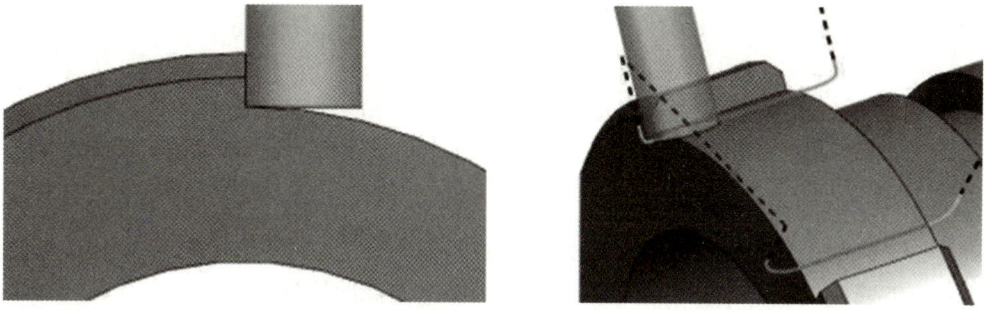

图 4－15　120° 槽精加工侧壁

3. 模拟验证

通过实体模拟功能，验证加工的可行性和加工精度情况，分析记录原因及改进措施。

4. 生成 G 代码程序

根据加工顺序，生成四轴加工 G 代码程序，将程序文件保存。

5. G 代码程序文件传输

当前计算机中的 G 代码程序文件是通过（　　）传送给机床控制器的。

A. CF 卡　　B. USB　　C. RS232 串口　　D. 网线

6. 加工

（1）转入自动加工模式，将 G54 中的 Z 值增大 50mm，空运行加工程序，验证加工轨迹是否正确。若轨迹正确，则将 G54 工件坐标系的 Z 值改回原值，进行下一步操作；若不正确，则对照图纸仔细检查加工程序分析记录程序出错的原因，修改验证无误后进行下一步操作。

（2）采用单段方式对工件进行试切加工，并在加工过程中密切观察加工状态，如有异常现象及时停机检查，分析并记录异常原因。

（3）粗加工完毕后，精确测量加工尺寸，根据测量结果，修改余量数值，再进行精加工。若粗加工尺寸误差较大，分析并记录误差原因。

（4）加工完毕后，检测零件加工尺寸是否符合图纸要求。若合格，则将工件卸下；若不合格，则根据加工余量情况，确定是否进行修整加工。能修整的，修整加工至图纸要求；不能修整的，详细分析记录报废的原因并给出修改措施。

7. 查看并比较
根据刀路轨迹，查看零件加工时间，并跟实际用时相比较。

拟订计划

一 工艺计划

零件名称：　　学生姓名：　　日期：　　教师签字确认：

序号	工序名称	工序内容	刀具	切削参数			设备	工艺装备	量具	工时（h）
				V_c（m/min）	n（r/min）	a_p（mm）				

任务四

二 试切调试

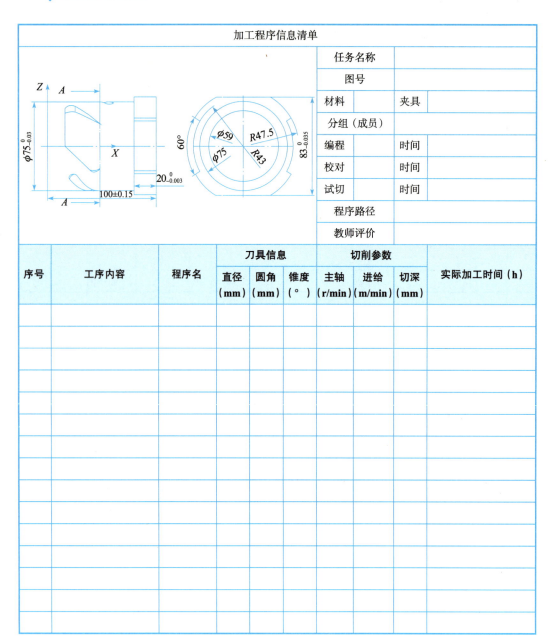

加工程序信息清单

任务名称	
图号	
材料	夹具
分组（成员）	
编程	时间
校对	时间
试切	时间
程序路径	
教师评价	

序号	工序内容	程序名	刀具信息			切削参数			实际加工时间（h）
			直径（mm）	圆角（mm）	锥度（°）	主轴（r/min）	进给（m/min）	切深（mm）	

三　审核改进

工艺计划审核			
工序划分	合理：□	改进措施：	
	不合理：□		
刀具选择	合理：□	改进措施：	
	不合理：□		
切削参数	合理：□	改进措施：	
	不合理：□		
设备选择	合理：□	改进措施：	
	不合理：□		
工艺装备	合理：□	改进措施：	
	不合理：□		
量具选择	合理：□	改进措施：	
	不合理：□		
工时划分	合理：□	改进措施：	
	不合理：□		
加工程序审核			

教师确认签字：_____

注：教师签字后方可进入下一步。

任务实施

 实操准备

设备准备单				
序号	数量	名称	规格	备注

任务四

量具准备单				
序号	数量	名称	规格	备注

刀具准备单				
序号	数量	名称	规格	备注

工具准备单				
序号	数量	名称	规格	备注

任务四

二 要点提示

步骤	图示	技术要求
1.装夹工件，加工左面	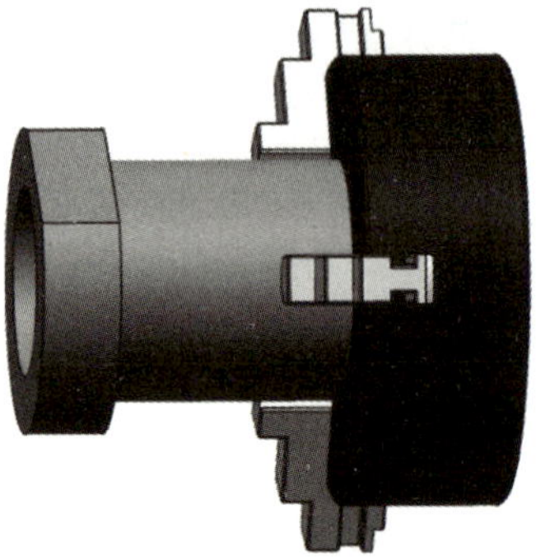	将毛坯装夹到自定心卡盘上，先用立铣刀在圆柱一端铣削一个平面
2.掉头装夹，加工	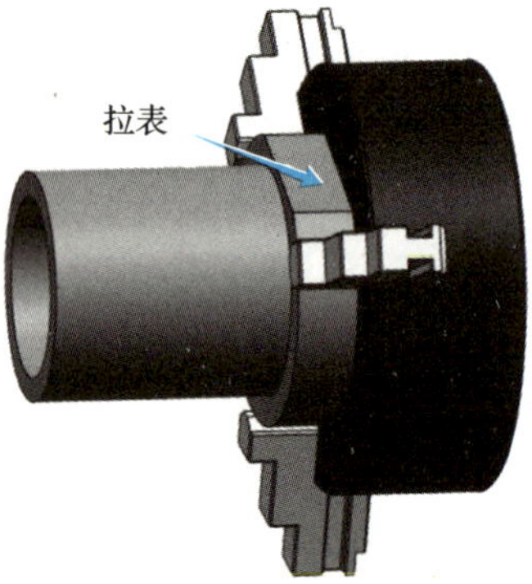 拉表 	以上一步加工好的平面为基准，拉表找到 A 轴零点位置，简要步骤如下： （1）将百分表吸在机床主轴上，表针指向平面； （2）微调旋转第四轴，百分表沿 Y 轴方向移动，反复几次，保证一个方向上的跳动公差在 0.01mm 以内
3.再一次掉头找正，加工	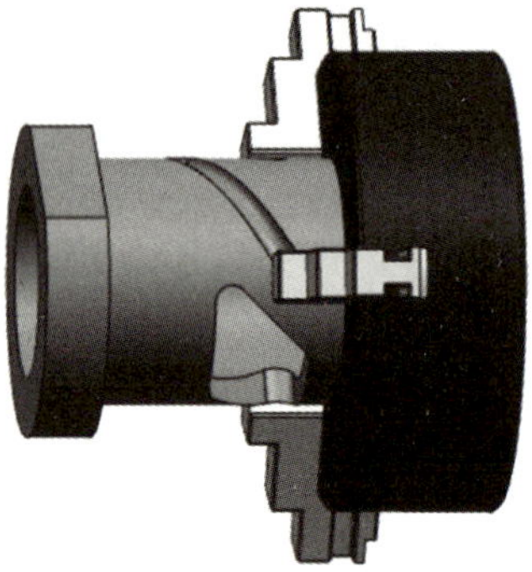	仍然拉表拉至这个平面；在此角度上 A 轴旋转 0°，定义为 A 轴零点
4.加工结果	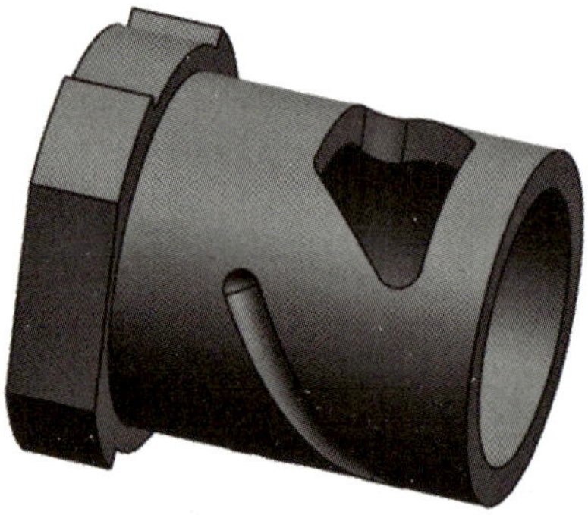	无

三 任务实施记录

1. 记录内容参考

（1）实操过程中遇到的问题或出现的失误、个人总结以及影像资料（照片／视频）等。

（2）其他。

2. 实施记录目的

（1）帮助个人进行知识回顾。

（2）任务结束后的评价展示环节，帮助个人进行内容回顾，提供影像资料，丰富展示汇报内容。

任务实施	备注

任务四

 **评价与展示**

知识目标	➢ 掌握专业术语的描述与专业会话； ➢ 了解常用办公软件的应用； ➢ 了解成本核算； ➢ 了解如何进行结构优化
能力目标	➢ 能够对个人客观总结评价； ➢ 能够使用PPT软件制作图片、动画等； ➢ 能够运用专业术语与他人交流； ➢ 能够对机械结构整体方案进行分析优化

一 方案策划

结合个人任务实施过程中遇到的问题，从以下几个方面进行作品展示和总结，可以是个人展示（2～3min），也可以是小组团体展示（5min以上）。

✓ 学习收获

✓ 成本核算

✓ 结构优化（您认为本作品有哪些可改进的地方）

✓ 利用多媒体手段

展示方案大纲	备注

任务四

 评分表

工作页检查		标准：采用 10-9-7-5-3-0 分制给分	
序号	检查项目	教师评分	备注
1	问题导入完成度		
2	工作计划完成度		
分数合计			

实施检查		标准：采用 10-9-7-5-3-0 分制给分	
序号	检查项目	教师评分	备注
1	实施过程 6S 规范		
2	安全操作文明生产		
3	任务实施经济成本		
分数合计			

产品目检			标准：采用 10-9-7-5-0 分制给分	
序号	零件名称	检查项目	教师评分	备注
1	凸轮套	铣削表面质量是否符合专业要求		
2	凸轮套	各倒角加工特征是否符合图纸要求		
分数合计				

尺寸检查			标准：采用 10 或 0 分制给分					
序号	零件名称	检查项目	学生自评			教师测评		教师评分记录
			实际尺寸	达到要求		实际尺寸	达到要求	
				是	否		是	否	
1	凸轮套							
2	凸轮套							
3	凸轮套							
4	凸轮套							
5	凸轮套							
6	凸轮套							
分数合计								

评价与展示		标准：采用 10-9-7-5-3-0 分制给分	
序号	检查项目	教师评分	备注
1	汇报形式		
2	专业知识的体现		
3	结构优化方案		
4	专业会话		
分数合计			

任务四

三 成绩汇总

序号	检查项目	小计	百分制除数	得分（100分）	权重系数	小计	总成绩
1	工作页检查		0.2		0.1		
2	实施检查		0.3		0.1		
3	产品目检		0.2		0.2		
4	尺寸检查		0.3		0.5		
5	评价与展示		0.4		0.1		

四 评估分析

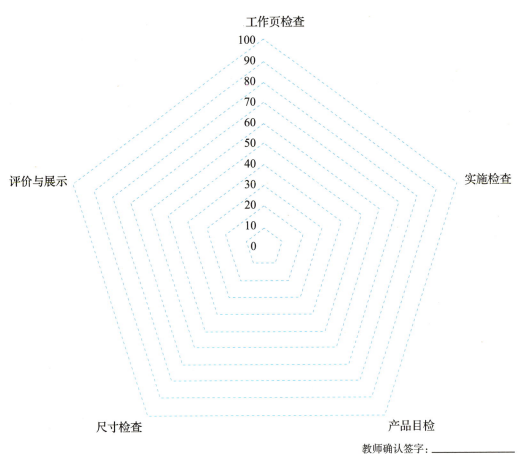

教师确认签字：_____

注：教师签字后方可进入下一任务。

主要任务解析

一　工艺计划

零件名称：凸轮套　　　学生姓名：　　　日期：　　　教师签字确认：

序号	工序名称	工序内容	刀具	切削参数			设备	工艺装备	量具	工时（h）
				V_c（m/min）	n（r/min）	a_p（mm）				
1		找正装夹								
2	铣	在圆柱右侧铣一个平面	φ10mm 立铣刀	100	3 200	2	DMG CMX	自定心卡盘	千分尺	
3	铣	调头找正粗加工菱形槽至图纸尺寸	φ10mm 立铣刀	100	3 200	8	DMG CMX	自定心卡盘	千分尺	
4	铣	粗精加工凸轮槽至图纸尺寸	φ10mm 立铣刀	100	3 200	5	DMG CMX	自定心卡盘	千分尺	
5	铣	调头找正，粗精加工轴端面及平面至图纸尺寸	φ10mm 立铣刀	100	3 200	5	DMG CMX	自定心卡盘	千分尺	
6	铣	粗精加工60°台阶槽至图纸尺寸	φ8mm 立铣刀	100	4 000	5	DMG CMX	自定心卡盘	卡尺	
7	钳工	去飞边								
8		检测								

二 试切调试

<table>
<tr><td colspan="11" align="center">加工程序信息清单</td></tr>
</table>

			任务名称		凸轮套零件的加工			
			图号					
			材料	6061	夹具	自定心卡盘		
			分组（成员）					
			编程		时间			
			校对		时间			
			试切		时间			
			程序路径					
			教师评价					

序号	工序内容	程序名	刀具信息			切削参数			实际加工时间（h）
			直径 (mm)	圆角 (mm)	锥度 (°)	主轴 (r/min)	进给 (m/min)	切深 (mm)	
1	找正装夹								
2	在圆柱右侧铣一个平面		$\phi10$	0	0	3 200	100	2	
3	调头找正，粗精加工菱形通槽至图纸规定尺寸		$\phi10$	0	0	3 200	100	8	
4	粗精加工凸轮槽至图纸规定尺寸		$\phi10$	0	0	3 200	100	5	
5	调头找正，粗精加工轴端面及平面至图纸规定尺寸		$\phi10$	0	0	3 200	100	5	
6	粗精加工60°台阶槽至图纸规定尺寸		$\phi8$	2.5	0	4 000	100	5	
7	去飞边								
8	检测								

任务四

三　审核改进

工艺计划审核		
工序划分	合理：□ 不合理：□	改进措施：
刀具选择	合理：□ 不合理：□	改进措施：
切削参数	合理：□ 不合理：□	改进措施：
设备选择	合理：□ 不合理：□	改进措施：
工艺装备	合理：□ 不合理：□	改进措施：
量具选择	合理：□ 不合理：□	改进措施：
工时划分	合理：□ 不合理：□	改进措施：
加工程序审核		

教师确认签字：_____

注：教师签字后方可进入下一步。

任务四

缠绕 / 展开曲线

将任一组曲线或点从平面包络至圆柱、圆锥或直纹面等可扩展曲面上；将任一组曲线或点从可扩展曲面展开至平面上。具体如图 4 - 16 所示。

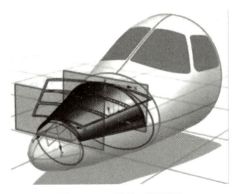

图 4 - 16　缠绕 / 展开图

可扩展曲面是不具有复合曲率的曲面，因此可以将其展平为平面，而不会导致撕裂或拉长。各类可扩展曲面如图 4 - 17 所示。

图 4 - 17　可扩展曲面

规律曲线

规律曲线是指按照一定的数学规律或规则生成的曲线。在数学中，常见的规律曲线有很多，比如正弦曲线和余弦曲线，它们具有周期性，函数表达式分别为 $y = A \sin(\omega x + \varphi)$ 和 $y = A \cos(\omega x + \varphi)$，在物理、工程等领域有广泛应用，例如交流电信号、波动现象等都可以用正弦或余弦曲线来描述。二次函数 $y = ax^2 + bx + c$（$a \neq 0$）的图像是抛物线，在物理学中抛体运动的轨迹就是抛物线的一部分。在计算机图形学中，可以通过算法和特定的数学模型来绘制各种规律曲线，以实现逼真的图像和特效。图 4 - 18 所示为使用"规律曲线"选项创建的样条，其中 X 和 Y 向分量由创建圆的方程确定。使用以下方程创建圆参数曲线。

$x=r\cos(t)$
$y=r\sin(t)$
$0° \leqslant t \leqslant 360°$

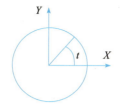

图 4-18　使用"规律曲线"选项创建的样条

扫掠体

使用"扫掠体"命令可沿路径扫掠实体，如图 4-19 所示。可以控制工具体相对于路径的方向，还可以从目标体中减去工具体或使目标体与工具体相交。

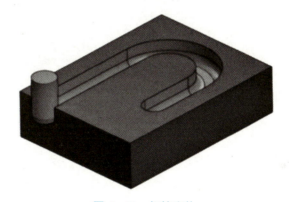

图 4-19　扫掠实体

任务图纸

凸轮槽零件的图纸如图 5-1 所示。

凸轮槽零件的加工

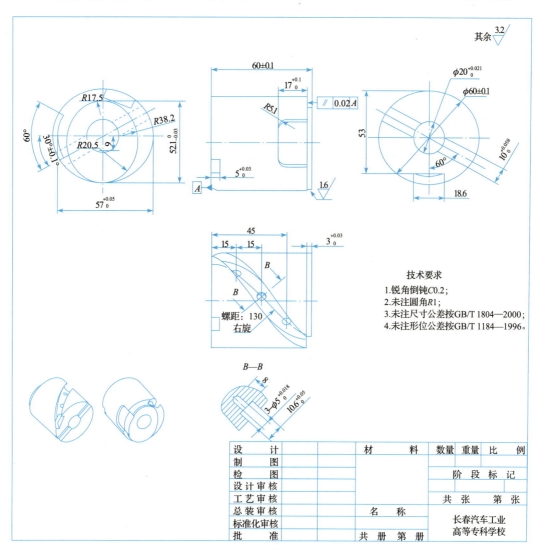

技术要求

1.锐角倒钝C0.2；
2.未注圆角R1；
3.未注尺寸公差按GB/T 1804—2000；
4.未注形位公差按GB/T 1184—1996。

设　　计		材　　料		数量	重量	比　例
制　　图						
检　　图				阶　段　标　记		
设 计 审 核						
工 艺 审 核				共　张　　第　张		
总 装 审 核		名　　称		长春汽车工业 高等专科学校		
标准化审核						
批　　准		共　册　第　册				

图 5-1　凸轮槽零件的图纸

任务要求

本任务是凸轮槽零件的加工，使用多轴机床加工制作。通过本任务的学习，受训者掌握机床日常维护与操作方法，学会芯轴夹具的使用以及凸轮槽零件的建模编程。凸轮套零件数量为30件，来料加工，材料为6061铝合金，毛坯尺寸为$\phi 60mm \times 60mm$、$\phi 20mm$通孔。根据图5-1要求，采用四轴数控铣床进行加工，并完成检验。

 素养园地

迈上新征程，数字工匠施展才干的舞台无比广阔，要秉持把工作做到极致的敬业态度，传承老一辈劳动模范艰苦奋斗、勇于创新的宝贵精神，努力钻研数字技术，为"中国制造"向"中国智造"飞跃提供源源不断的动力，在助力数字中国建设中创造自己的精彩人生。

 引导问题

 阅读生产任务单

根据图5-1和表5-1分析加工凸轮槽零件需要注意的问题有哪些？

表5-1　生产任务单

需方单位名称				完成日期	年　月　日
序号	产品名称	材料	数量	技术标准、质量要求	
1	凸轮槽零件	6061铝合金	30件	根据图纸要求	
2					
3					
生产批准时间		年　月　日	批准人		
通知任务时间		年　月　日	发单人		
接单时间		年　月　日	接单人	生产班组	

 图纸分析

（1）分析零件图纸，在表5-2中写出凸轮槽零件的主要加工尺寸、几何公差及表面质量要求，并进行相应的尺寸公差计算，为零件的编程做准备。

任务五

表 5-2　凸轮槽零件公差表

序号	项目	内容	偏差范围（数值）
1			
2			
3			
4			
5	主要加工尺寸		
6			
7			
8			
9			
10	表面质量要求		

（2）使用 CAD 软件绘制零件三维模型。

1）如图 5-2 所示，凸轮线的螺距为＿＿＿＿，旋向为＿＿＿＿。

2）使用 CAD 软件绘制凸轮槽用到的命令为（　　）。

A. 拉伸　　　　　B. 旋转　　　　　C. 扫掠

3）通过 CAD 软件建模，建完的模型如图 5-3 所示，模型体积为＿＿＿＿mm³，质心为＿＿＿＿mm。

图 5-2　凸轮槽三维图

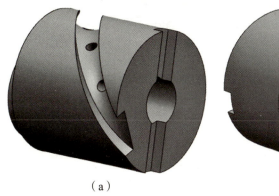

（a）

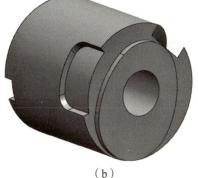

（b）

图 5-3　建模成品

三　工艺分析

1. 选择设备

你选择何种数控机床加工该凸轮槽零件？写出机床型号。

任务五

2. 确定凸轮槽零件的装夹方式和定位基准

（1）加工左侧通槽采用的夹具为（　　），加工凸轮槽采用的夹具为（　　）。

A. 机用虎钳

B. 机用虎钳 + 一个钳口为 V 形的钳子

C. 自定心卡盘（回转中心与立式加工中心主轴平行）

D. 芯轴

（2）使用芯轴装夹零件时，应选择_____作为定位基准。

3. 确定凸轮槽零件的加工顺序

根据凸轮槽的加工内容，在图 5-4 中写出凸轮槽零件的加工顺序（用 1、2、3……表示）。

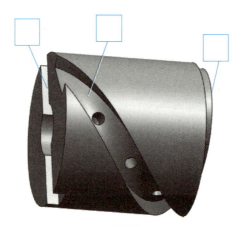

图 5-4　凸轮槽加工顺序图

4. 工艺讨论

（1）如图 5-4 所示，左侧通槽加工完毕后，要加工右侧凸轮时如何保证通槽与凸轮之间的周向角为 30°？

（2）根据表 5-3 中的加工内容，确定相应的加工刀具。

表 5-3　刀具选择表

序号	加工内容	刀具类型规格	备注
1	凸轮槽		
2	左侧通槽		
3	孔		

续表

序号	加工内容	刀具类型规格	备注
4	右侧凸轮		
5	60°开放槽		

（3）请写出加工凸轮槽和槽内孔的工艺路线，并说明原因。

（4）如图5-5所示，芯轴夹具限制几个自由度？都有哪些？

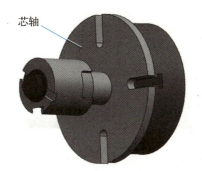

芯轴

图5-5　芯轴

（5）如图5-6所示，加工右侧凸轮时，你认为合理的工艺方案是（　　）。
A. 四轴加工　　　B. 三轴加工

（a）四轴加工方式

（b）三轴加工方式

图5-6　凸轮加工方式

任务五

四 指令代码

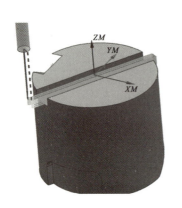	刀路形式
	左侧通槽粗铣： 分层行切—往复—顺铣 刀具：ϕ8 立铣刀

切削参数	刀路范围
$a_p=1$	x（−19）～（18）
$a_e=6$	y（−30）～（30）
$v=100$	z（2）～（−5）
$n=3\,000$	a（0）～（0）

	刀路形式
	四轴环槽粗铣： 分层环切—跟随周边—顺铣 刀具：ϕ8 立铣刀

切削参数	刀路范围
$a_p=1$	x（43）～（72）
$a_e=6$	y（0）～（0）
$v=150$	z（23）～（30）
$f=80$	a（−30）～（30）

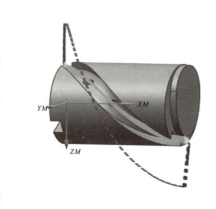	刀路形式
	凸轮槽粗铣： 分层切削—单向—顺铣 刀具：ϕ8 立铣刀

切削参数	刀路范围
$a_p=1$	x（−35）～（−58）
$a_e=6$	y（−5）～（5）
$v=80$	z（30）～（65）
$f=200$	a（0）～（360）

任务五

续表

刀路形式	
四轴钻孔: 中心钻定点—钻孔—铰孔	
刀具: 中心钻、ϕ4.8 钻头、ϕ5 铰刀	
切削参数	刀路范围
a_p=2	x（-35）～（-58）
a_e=	y（-5）～（5）
v=	z（30）～（65）
f=30	a（0）～（360）

刀路形式	
右侧凸轮面粗铣: 等距分层环切	
刀具: ϕ8 立铣刀	
切削参数	刀路范围
a_p=1	x（-35）～（-58）
a_e=6	y（-5）～（5）
v=120	z（30）～（65）
f=80	a（0）～（360）

刀路形式	
左侧凸轮面粗铣: 三轴加工，等距分层环切	
切削参数	刀路范围
a_p=1	x（-35）～（-58）
a_e=6	y（-5）～（5）
v=120	z（30）～（65）
f=80	a（0）～（360）

任务五

拟订计划

一 工艺计划

零件名称：		学生姓名：		日期：			教师签字确认：				
序号	工序名称	工序内容	刀具	切削参数			设备	工艺装备	量具	工时(h)	
				V_c(m/min)	n(r/min)	a_p(mm)					

二　试切调试

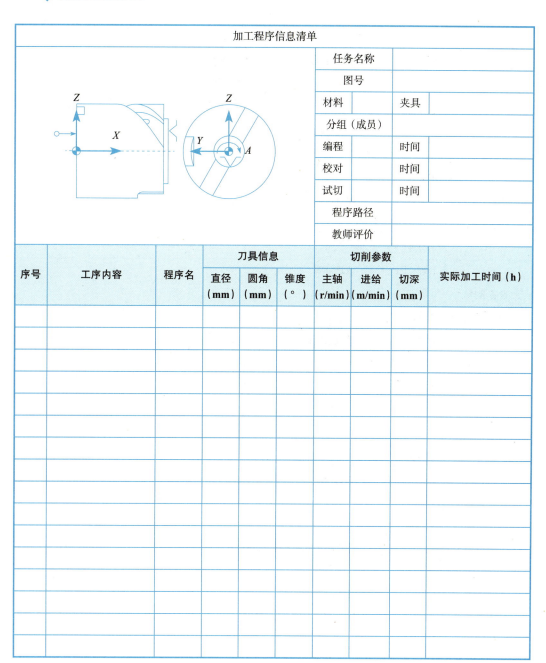

加工程序信息清单									
				任务名称					
				图号					
				材料		夹具			
				分组（成员）					
				编程		时间			
				校对		时间			
				试切		时间			
				程序路径					
				教师评价					
序号	工序内容	程序名	刀具信息			切削参数			实际加工时间（h）
			直径（mm）	圆角（mm）	锥度（°）	主轴（r/min）	进给（m/min）	切深（mm）	

任务五

 **审核改进**

工艺计划审核			
工序划分	合理：□	改进措施：	
	不合理：□		
刀具选择	合理：□	改进措施：	
	不合理：□		
切削参数	合理：□	改进措施：	
	不合理：□		
设备选择	合理：□	改进措施：	
	不合理：□		
工艺装备	合理：□	改进措施：	
	不合理：□		
量具选择	合理：□	改进措施：	
	不合理：□		
工时划分	合理：□	改进措施：	
	不合理：□		
加工程序审核			

教师确认签字：＿＿＿＿＿＿

注：教师签字后方可进入下一步。

任务五

任务实施

一　实操准备

设备准备单				
序号	数量	名称	规格	备注

量具准备单				
序号	数量	名称	规格	备注

刀具准备单				
序号	数量	名称	规格	备注

工具准备单				
序号	数量	名称	规格	备注

任务五

要点提示

步骤	图示	技术要求
1. 左面加工装夹工件		（1）将自定心卡盘底面放在工作台上，锁紧自定心卡盘，然后对工件进行装夹； （2）装夹后保证工件外圆柱面的跳动公差不超过0.02mm
2. 安装芯轴夹具		将芯轴夹具安装在数控机床第四轴法兰盘上，保证芯轴的回转中心与机床回转中心同轴度不超过0.02mm，简要步骤如下： （1）将芯轴用4个螺栓轻轻带紧在法兰盘上； （2）将百分表吸在机床主轴上，表针指向芯轴前段上母线； （3）旋转第四轴180°，记录百分表走过多少数值，用铜棒从高点往低点敲一半数值，反复几次，保证一个方向上的跳动公差在0.01mm以内； （4）同样方法，调整与其垂直的方向； （5）调整完毕后整体的跳动公差在0.02mm以内
3. 安装工件对 A 轴		（1）安装工件时加工好的左侧通槽中放入一个方键，用百分表拉键的侧面，拉直； （2）在此角度上 A 轴旋转30°，定义为 A 轴零点
4. 实操加工	循环起动	（1）将G54坐标系在 Z 方向正向上偏置50mm； （2）自动—循环起动，验证程序位置正确性； （3）无误后将 Z 方向值改为0，运行程序
5. 加工结果		无

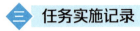 **任务实施记录**

1. 记录内容参考

（1）实操过程中遇到的问题或出现的失误、个人总结以及影像资料（照片 / 视频）等。

（2）其他。

2. 实施记录目的

（1）帮助个人进行知识回顾。

（2）任务结束后的评价展示环节，帮助个人进行内容回顾，提供影像资料，丰富展示汇报内容。

任务实施	备注

任务五

▨ 评价与展示

知识目标	➤ 掌握专业术语的描述与专业会话； ➤ 了解常用办公软件的应用； ➤ 了解成本核算； ➤ 了解如何进行结构优化
能力目标	➤ 能够对个人客观总结评价； ➤ 能够使用 PPT 软件制作图片、动画等； ➤ 能够运用专业术语与他人交流； ➤ 能够对机械结构整体方案进行分析优化

一　方案策划

　　结合个人任务实施过程中遇到的问题，从以下几个方面进行作品展示和总结，可以是个人展示（2～3min），也可以是小组团体展示（5min 以上）。

　　✓ 学习收获
　　✓ 成本核算
　　✓ 结构优化（您认为本作品有哪些可改进的地方）
　　✓ 利用多媒体手段

展示方案大纲	备注

任务五

 评分表

工作页检查		标准：采用 10-9-7-5-3-0 分制给分	
序号	检查项目	教师评分	备注
1	问题导入完成度		
2	工作计划完成度		
分数合计			

实施检查		标准：采用 10-9-7-5-3-0 分制给分	
序号	检查项目	教师评分	备注
1	实施过程 6S 规范		
2	安全操作文明生产		
3	任务实施经济成本		
分数合计			

产品目检			标准：采用 10-9-7-5-0 分制给分	
序号	零件名称	检查项目	教师评分	备注
1	凸轮槽	铣削表面质量是否符合专业要求		
2	凸轮槽	加工特征是否符合图纸要求		
分数合计				

尺寸检查			标准：采用 10 或 0 分制给分					
序号	零件名称	检查项目	学生自评			教师测评		教师评分记录
			实际尺寸	达到要求		实际尺寸	达到要求	
				是	否		是	否	
1	凸轮槽	$10^{+0.058}_{0}$							
2	凸轮槽	$10.6^{+0.05}_{0}$							
3	凸轮槽	$57^{+0.05}_{0}$							
4	凸轮槽	$52.1^{0}_{-0.03}$							
5	凸轮槽	$30° \pm 0.1°$							
6	凸轮槽	$5^{+0.03}_{0}$							
7	凸轮槽	$17^{+0.1}_{0}$							
8	凸轮槽	60 ± 0.1							
9	凸轮槽	$\phi 5^{+0.018}_{0}$							
分数合计									

任务五

评价与展示		标准：采用 10–9–7–5–3–0 分制给分	
序号	检查项目	教师评分	备注
1	汇报形式		
2	专业知识的体现		
3	结构优化方案		
4	专业会话		
分数合计			

三 成绩汇总

序号	检查项目	小计	百分制除数	得分（100分）	权重系数	小计	总成绩
1	工作页检查		0.2		0.1		
2	实施检查		0.3		0.1		
3	产品目检		0.2		0.2		
4	尺寸检查		0.3		0.5		
5	评价与展示		0.4		0.1		

四 评估分析

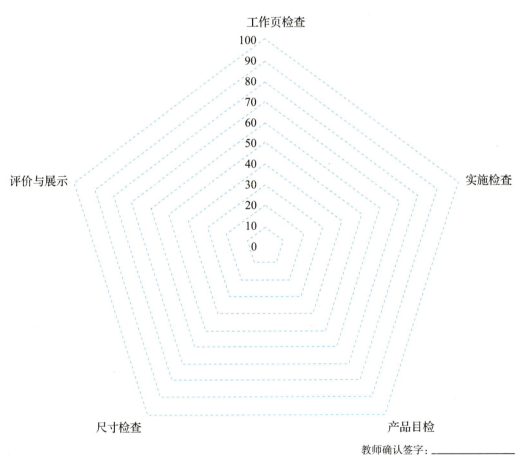

教师确认签字：_____

注：教师签字后方可进入下一任务。

主要任务解析

一　工艺计划

零件名称：凸轮槽　　　学生姓名：　　　日期：　　　教师签字确认：

序号	工序名称	工序内容	刀具	切削参数			设备	工艺装备	量具	工时（h）
				V_c（m/min）	n（r/min）	a_p（mm）				
1		找正装夹								
2	铣	粗精加工左侧通槽至图纸尺寸	ϕ8mm 立铣刀	100	3 200	4	DMG CMX	自定心卡盘	千分尺	
3	铣	调头找正，粗精加工右侧凸轮形状及平面至图纸尺寸	ϕ8mm 立铣刀	100	3 200	5	DMG CMX	自定心卡盘	千分尺	
4	铣	用芯轴装夹工件，粗精加工凸轮槽至图纸尺寸	ϕ6mm 立铣刀	100	4 000	4	DMG CMX	芯轴		
5	钻	钻 ϕ4.8mm 孔	ϕ6mm 中心钻、ϕ4.8mm 钻头	30	800	5	DMG CMX	芯轴	塞尺、圆柱销、卡尺	
6	铰	铰 ϕ5mm 孔	ϕ5mm 铰刀	30	800	5	DMG CMX	芯轴	塞规	
7	钳工	去飞边								
8		检测								

二 试切调试

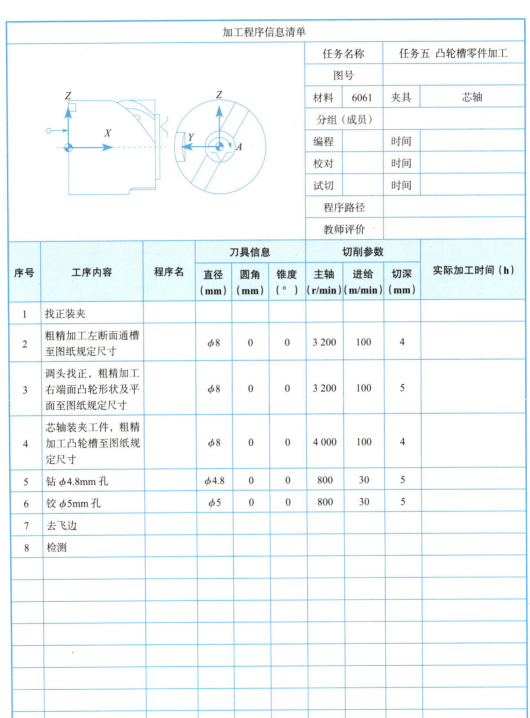

加工程序信息清单									
				任务名称		任务五 凸轮槽零件加工			
				图号					
				材料	6061	夹具		芯轴	
				分组（成员）					
				编程		时间			
				校对		时间			
				试切		时间			
				程序路径					
				教师评价					

序号	工序内容	程序名	刀具信息			切削参数			实际加工时间（h）
			直径（mm）	圆角（mm）	锥度（°）	主轴（r/min）	进给（m/min）	切深（mm）	
1	找正装夹								
2	粗精加工左断面通槽至图纸规定尺寸		$\phi 8$	0	0	3 200	100	4	
3	调头找正，粗精加工右端面凸轮形状及平面至图纸规定尺寸		$\phi 8$	0	0	3 200	100	5	
4	芯轴装夹工件，粗精加工凸轮槽至图纸规定尺寸		$\phi 8$	0	0	4 000	100	4	
5	钻 $\phi 4.8$mm 孔		$\phi 4.8$	0	0	800	30	5	
6	铰 $\phi 5$mm 孔		$\phi 5$	0	0	800	30	5	
7	去飞边								
8	检测								

任务五

三　审核改进

工艺计划审核			
工序划分	合理：□ 不合理：□	改进措施：	
刀具选择	合理：□ 不合理：□	改进措施：	
切削参数	合理：□ 不合理：□	改进措施：	
设备选择	合理：□ 不合理：□	改进措施：	
工艺装备	合理：□ 不合理：□	改进措施：	
量具选择	合理：□ 不合理：□	改进措施：	
工时划分	合理：□ 不合理：□	改进措施：	
加工程序审核			

教师确认签字：_____

注：教师签字后方可进入下一步。

任务五

拓展知识

定位

一 定位的含义及作用

机床、夹具、刀具和工件组成了一个工艺系统。工件加工面的相互位置精度是由工艺系统间的正确位置关系来保证的。因此加工前，应首先确定工件在工艺系统中的正确位置，即工件的定位。

工件是由许多点、线、面组成的一个复杂的空间几何体。当考虑工件在工艺系统中是否占据一个正确位置时，是否将工件上的所有点、线、面都列入考虑范围内呢？显然这是不必要的。在实际加工中，进行工件定位时，只要考虑作为设计基准的点、线、面是否在工艺系统中占有正确的位置。因此，工件定位的本质是使加工面的设计基准在工艺系统中占据一个正确位置。

工件定位时，由于工艺系统在静态下的误差，会使工件加工面的设计基准在工艺系统中的位置发生变化，影响工件加工面与其设计基准的相互位置精度，但只要这个变动值在允许的误差范围以内，即可认定工件在工艺系统中已占据了一个正确的位置，即工件已正确定位。

二 六点定位原理

一个尚未定位的工件，其位置是不确定的。如图 5-7 所示，将未定位的工件（长方体）放在空间直角坐标系中，长方体可以沿 X、Y、Z 轴移动而有不同的位置，也可以绕 X、Y、Z 轴转动而有不同的位置，分别用 $\vec{X}$、$\vec{Y}$、$\vec{Z}$ 和 $\widehat{X}$、$\widehat{Y}$、$\widehat{Z}$ 表示。

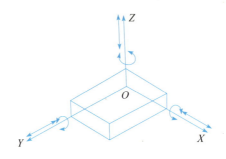

图 5-7　未定位工件的六个自由度

用以描述工件位置不确定性的 $\vec{X}$、$\vec{Y}$、$\vec{Z}$ 和 $\widehat{X}$、$\widehat{Y}$、$\widehat{Z}$ 合称为工件的六个自由度。其中 $\vec{X}$、$\vec{Y}$、$\vec{Z}$ 称为工件沿 X、Y、Z 轴的移动自由度，$\widehat{X}$、$\widehat{Y}$、$\widehat{Z}$ 称为工件绕 X、Y、Z 轴的转动自由度。

用适当分布的六个支承点限制工件六个自由度的原则称为六点定位原则。

任务五

三 定位芯轴

常用的定位元件有刚性芯轴和自动定心芯轴两大类。刚性芯轴与工件孔的配合，可采用过盈配合或间隙配合。当工件定位孔的精度很高，而且要求定位精度很高时，可采用具有较小过盈量的过盈配合。图 5-8 所示为过盈配合定位芯轴，工件孔与芯轴是过盈配合的。芯轴由引导部分 1、工作部分 2 和与传动装置（如鸡心夹头等）相联系的部分 3 组成。引导部分的作用是使工件迅速而正确地套在芯轴上。工件装上芯轴后一般不再夹紧。此类芯轴定位精度高，但装拆费时且易磨损。

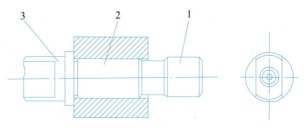

图 5-8 过盈配合定位芯轴

图 5-9 所示为间隙配合定位芯轴，工件由螺母作轴向夹紧。芯轴轴肩端面作小平面定位，限制一个自由度，应尽量减小轴肩直径，避免过定位。若定位孔直径较大，且工件端面对孔的垂直度误差大，则可采用球形垫圈，以消除其不良影响。芯轴直径与工件孔一般采用 H7/e7、H7/f6 或 H7/g5 配合，其中 H7/g5 为间隙配合，间隙配合使装拆工件比较方便，但也形成了工件的定位误差。

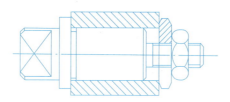

图 5-9 间隙配合定位芯轴

为了消除间隙，提高定位精度，并且能方便地装拆工件，可以采用具有微锥度的定位芯轴，如图 5-10 所示。一般锥度 C 为 1∶5 000～1∶1 000。工件套入芯轴后需向大端压入一小段距离，产生部分过盈，提高定位精度并产生较大的摩擦力，一般情况下不再夹紧工件。由于工件定位孔存在制造公差，一批工件套入芯轴，它们在芯轴上的轴向位置有较大变化。

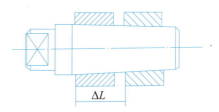

图 5-10 微锥度的定位芯轴

后置处理

 后置处理的含义及原理

把刀位文件转换成指定数控机床能执行的数控程序的过程称为后置处理。

通用后置处理系统一般是指后置处理程序功能的通用化，要求能针对不同类型的数控系统对刀位文件进行后置处理，输出数控程序。一般情况下，通用后置处理系统要求输入刀位文件和数控系统特性文件（或后置处理配置文件），输出的是符合该数控系统指令集及格式的数控程序。

一般来说，一个通用后置处理系统是某个数控系统的一个子系统，要求刀位文件是由该数控系统经刀位计算之后生成的，对数控系统特性文件有严格要求。

 后置处理的方法

目前各机床的编程语言不具备通用性，即使是同一制造商生产的机床，在其前后期也可能不具备通用性。尽管国际上曾试图通过标准化来推广一种通用的机床语言，但是由于制造商的缘故，一直难以得到广泛的推广。因为机床语言的不通用性，一般的商用 CAD/CAM 软件难以按照用户的需要提供全部机床的 NC 代码，只提供了一部分常用机床的 NC 代码，大部分还是需要用户由其产生的 APT 文件来自行处理生成 NC 代码。对于简单的数控过程，用户可以直接对 APT 文件进行翻译，实现 APT 到 NC 代码的转换，但是对于大部分零件来说，用户需要借助计算机来实现代码的转换。通常使用的转换方式有三种。

1. 通用语言

编写使用一般的编程语言，如 Visual C++、Java 等语言都能够实现后置处理，完成 API 文件到 NC 代码的转换。这种方法的优点是，只要熟悉所需编写的机床和通用语言就能进行操作，不需要其他的软件辅助。缺点是专用性太强，需要专门的程序员，且程序设计后不具备通用性，修改困难。

2. 通用软件

使用一定的通用代码转换软件来实现 APT 文件到 NC 代码的转换。其大致过程如下：通过一个机床信息配置文件来对机床进行描述，并用这个描述来控制后置处理翻译模块。使用后置处理翻译模块便可以将由 CAD/CAM 系统产生的 APT 文件翻译成可执行的 NC 程序。机床信息配置文件一般通过回答用户对话框取得。这种对话框通常会需要用户对机床的一些特性进行描述，以此获得所需的信息来构成翻译模块。

这种方法的优点是，用户只需了解机床就可直接实现 APT 到 NC 代码的转换。缺点是由于机床的多样性，一个简单的对话框没有办法描述所有的机床，很可能生成无效的或是错误的 NC 代码，且无法对机床信息配置文件进行细节修改，得到的 NC 代码也不易修改完善。

3. 专用语言

使用一些专用的后置处理程序编制语言来编写后置处理文件，这种语言专门为后置处理文件的编写设置，具有自己独特的语法，并提供一些固定的宏来方便后置处理文件的编写。这种方法的特点是既提高了程序格式的灵活性，又使程序编制方法比较简单。但是，需要学习一种专门的语言是这种方法的不便之处。前面提到的 GNC 中使用的 POST 软件包就是这种方法。

三　后置处理的具体过程

尽管后置处理的方法有三种，但大致过程都是一致的，即对运动语句的处理与对非运动语句的处理。运动语句主要用几何算法进行处理，非运动语句是编码的对应。

运动语句主要包括：

（1）刀具空走（无切的行程）程序段。

（2）刀具走直线程序段（有补无补）。

（3）刀具走圆弧程序段（有刀补或无刀补）。

（4）刀具上升（抬刀）程序段。

（5）刀具下降（下刀）程序段。

非运动语句主要包括：

（1）加工程序起始程序段（带停止符）。

（2）起刀点位置程序段。

（3）起动机床主轴、换刀、开关冷却液等程序段。

（4）各类刀具运动程序段。

（5）其他辅助功能程序段。

下面是一个由 CATIA 自动生成的 APT 文件。

PARTNO NAME：EXAMPLE

PPRINT MODFL=CAT

MPPRINTNC SET=CAT NS

MULTAX

CUTTER/40.0000, 2.0000, 18.0000, 0.0000, 0.0000, 0.0000, 100.0000

FROM/0.0000, 0.0000, 100.00000, 0.000000, 0.000000, 1.000000PT1

MACHIN/BAMTR15, 230.0

SPINDL/300

COOLNT/ON

FEDRAT/500.0000

GOTO/0.00000, 0.000000, 5.0000, 0.000000, 0.034899, 0.999391PT2

GOTO/40.0000, 20.00000, 5.0000, 0.00000, 0.033965, 0.9999423PT3

…

SPINDL/OFF

STOP

FINI

其中，"CUTTER""SPINDL/300""STOP""FINI"等为非运动语句，它们所对应的含义会在后文提到；"GOTO/0.00000, 0.000000, 5.0000, 0.000000, 0.034899,

0.999391PT2"为运动语句。其中,"0.00000,0.000000,5.0000"为刀头在工件坐标系中的 Z 值,"0.000000,0.034899,0.999391"为刀头在工件坐标系中的单位矢量方向。这两组数据用来描述刀具所在的空间位置,这个位置需要在后置处理中改成机床所接受的描述方式。"PT2"表示这是刀具的第 2 次走刀后到达的位置。

四 后置处理的几何算法

使用商用 CAD/CAM 软件得到的是 APT 格式的文件,这种文件使用的是工件坐标系下的刀头位置与刀具矢量方向。而一般五轴机床以转轴中心为控制点,所需的是转轴中心点的位置与刀具旋转的角度 AB 以及进刀因数 E,故需要进行几何运算实现坐标系的转换。对于不同的机床,其所需描述刀具位置的因素也可能不同,甚至坐标系的确定也不一致,故难以有较为统一的算法来确定坐标的转换。但是坐标转换的思想是相同的,即通过空间几何的方法,将 APT 文件中的机床刀头位置和刀具矢量方向转换为具体机床所需的数字量。

五 后置处理的译码

APT 文件中并不包含一般机床所用的 G 代码或 M 代码,而是用 GOTO、STOP 等语句来描述机床的动作,后置处理的译码即是将这些一般性语句转换为专门的机床运动语句。下面介绍一些 APT 文件中常用语句所代表的含义。APT 常用语语意见表 5 - 4。

表 5 - 4　APT 常用语语意

APT 语言	含义
FROM/X,Y,Z,A,B,C	无切削移动至位置
GOTO/X,Y,Z,A,B,C	切削至位置
FEDRAT/n	进给量
CUTTER	刀具
SPINDL/ncw(ccw)	顺时针(逆时针)旋转速率
/OFF	停止旋转
COOLNT/ON	打开冷却液
OFF	关闭冷却液
RAPID	快速进给
STOP	停止运动
FINI	程序结束

风扇零件的加工

任务图纸

风扇零件的图纸如图 6-1、图 6-2 所示。

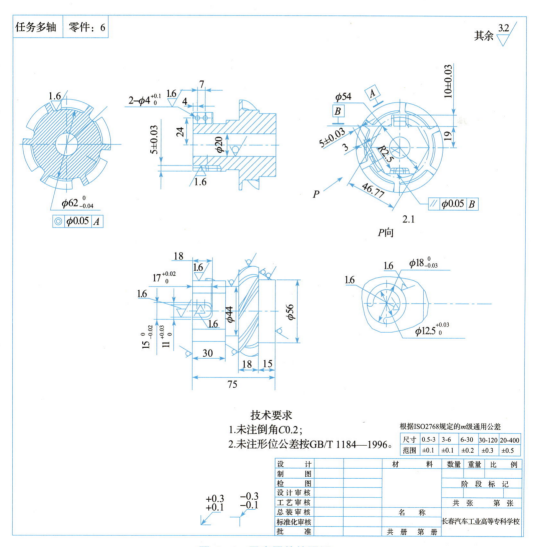

图 6-1　风扇零件的图纸 1

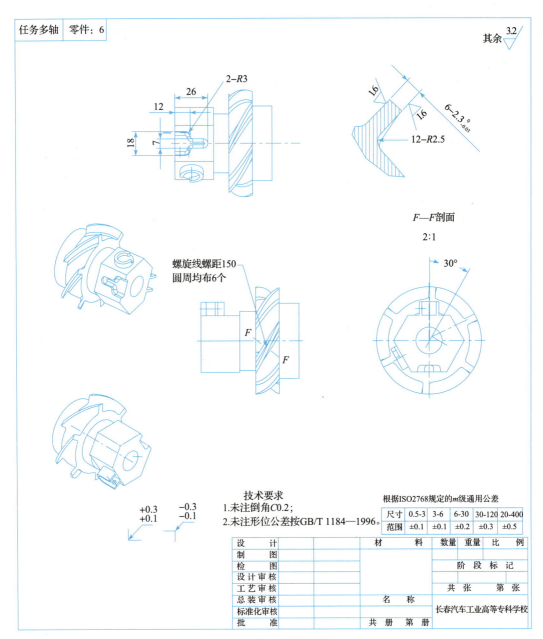

图 6-2　风扇零件的图纸 2

任务要求

　　本任务为风扇零件的加工，使用多轴机床加工。通过本任务的学习，受训者掌握叶片模型的创建、四轴联动工艺过程设计和 CAM 技术的应用。本零件数量为 5 件，采用来料加工方式，材料为 6061 铝合金，毛坯尺寸为 $\phi80mm \times 75mm$、$\phi20mm$ 通孔。根据图纸要求，完成建模、工艺设计、编程、加工，并完成检验。

素养园地

中国制造的高质量发展，需要培养更多具有"执着专注、精益求精、一丝不苟、追求卓越"工匠精神的大国工匠。加强科学教育、培育科学文化、创新科学传播方式是新时代培育工匠精神的有效途径。

引导问题

一　阅读生产任务单

根据表 6-1 所示的生产任务单绘制芯轴草图，其具体使用要求为_____，所选材料型号是_____，该种材料是否需要实施热处理？若答案为是，应该选用哪种热处理方法？

表 6-1　生产任务单

需方单位名称				完成日期		年　月　日	
序号	产品名称	材料	数量	技术标准、质量要求			
1	风扇零件	6061 铝合金	5 件	根据图纸要求			
2							
3							
生产批准时间		年　月　日	批准人				
通知任务时间		年　月　日	发单人				
接单时间		年　月　日	接单人			生产班组	

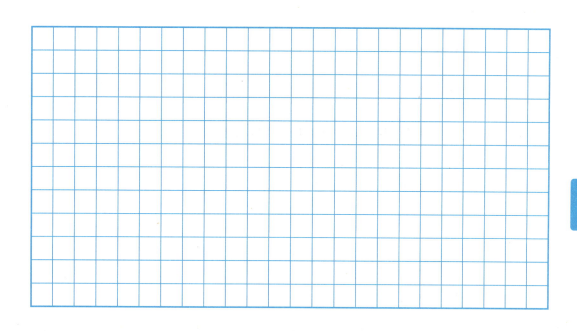

任务六

图纸分析

（1）分析零件图纸，在表6-2所示的风扇零件图样分析表中写出风扇零件的主要加工尺寸、几何公差要求及表面质量要求，并进行相应的尺寸公差计算，为零件的编程做准备。

表6-2　风扇零件图样分析

序号	项目	内容	偏差范围	备注
1	主要加工尺寸			
2				
3				
4				
5				
6				
7				
8				
9				
10				
11				
12				
13				
14				
15	几何公差要求			
16				
17	表面质量要求			

（2）解释公差要素表（见表6-3）中标注符号的含义。

表6-3　公差要素表

标注符号	含义
$\phi 62_{-0.04}^{0}$	
◎ $\phi 0.05$ A	

（3）使用 CAD 软件绘制零件三维模型。

1）通过旋转命令绘制毛坯模型，可知图 6-3 所示的风扇毛坯图的模型表面积为_____mm²。

2）绘制零件实体模型，可通过拉伸、旋转等命令绘制基本几何体图，若要获取两相交面之间过渡圆角曲面和拔模面的基本几何体图（见图 6-4），则需要用到（　　）和（　　）命令。

A. 孔　　　　　　　B. 拔模　　　　　　C. 倒圆角　　　　　　D. 抽壳

图 6-3　风扇毛坯图

图 6-4　风扇零件的基本几何体图

3）绘制图纸中的叶片曲面，需要创建两条柱面螺旋线，并需要借助（　　）命令完成叶片曲面的创建。风扇零件叶片几何体图如图 6-5 所示。

A. 拉伸　　　　　　B. 回转　　　　　　C. 扫掠

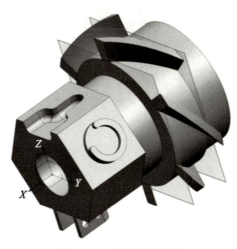

图 6-5　叶片几何体图

4）创建完整叶片需要使用（　　）命令，创建全部叶片需要使用（　　）命令。

叶片分布图如图 6-6 所示。

    A.曲面修剪   B.阵列   C.布尔运算

图 6-6   叶片分布图

5）完成建模后的风扇零件成品图如图 6-7 所示。风扇零件体积为_____mm³。

图 6-7   风扇零件成品图

三 工艺分析

1.选择设备

你选择何种数控机床加工该风扇零件？写出机床型号。

2. 确定风扇零件的装夹方式和定位基准

（1）零件内、外表面已车削完成，考虑薄壁结构套筒外形特点，所以采用_____装夹工件，选择_____作为定位基准。

（2）如何保证零件各加工面的几何精度？主要步骤是什么？

3. 确定风扇零件的工艺过程

依据风扇零件的结构特点和技术要求，在图 6-8 上填写粗加工顺序。

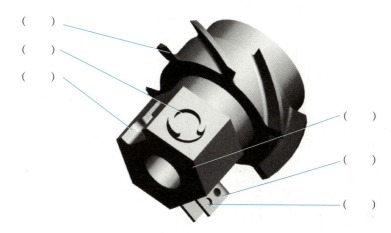

图 6-8　风扇零件的粗加工顺序图

4. 选择刀具

填写表 6-4。

表 6-4　风扇刀具选择表

序号	加工内容	刀具类型规格	备注
1	U 字形轮廓		
2	六边形轮廓		
3	叶片侧面		
4	叶片底面		
5	T 字形型腔		

指令代码

刀路形式	
环形凸台粗铣： 分层环切—单向—顺铣	
刀具：$\phi 10$ 立铣刀	

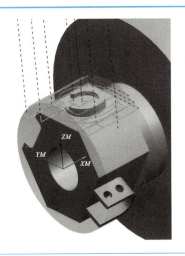

切削参数	刀路范围
$a_p=10$	$x(0)\sim(30)$
$a_e=5$	$y(-20)\sim(20)$
$v=100$	$z(23)\sim(30)$
$f=300$	$a(0)\sim(0)$

刀路形式	
环形凸台精铣： 单层等距环切 $\phi 18$ 外圆、$\phi 12.5$ 内孔、开口环	
刀具：$\phi 8$ 立铣刀	

切削参数	刀路范围
$a_p=0.4$	$x(0)\sim(30)$
$a_e=6$	$y(-20)\sim(20)$
$v=150$	$z(23)\sim(30)$
$f=80$	$a(0)\sim(0)$

刀路形式	
叶片沟槽粗铣： 分层切削—往复—顺逆交替铣	
刀具：$\phi 16$ 立铣刀	

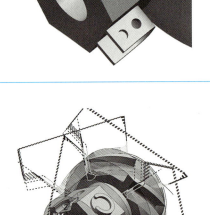

切削参数	刀路范围
$a_p=1$	$x(-35)\sim(-58)$
$a_e=16$	$y(-5)\sim(5)$
$v=80$	$z(30)\sim(65)$
$f=200$	$a(0)\sim(360)$

续表

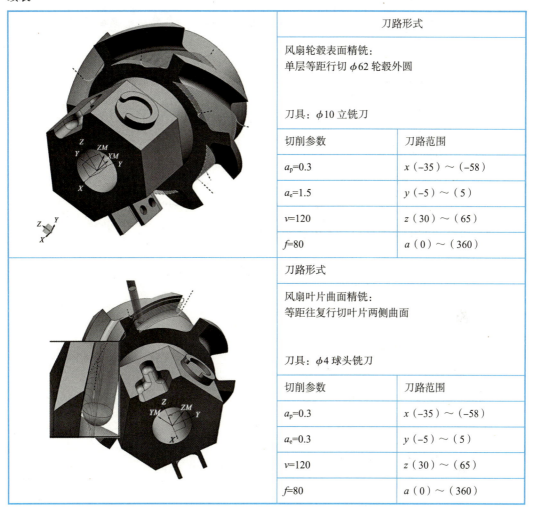

刀路形式		
风扇轮毂表面精铣： 单层等距行切 $\phi62$ 轮毂外圆		
刀具：$\phi10$ 立铣刀		
切削参数	刀路范围	
a_p=0.3	x（-35）～（-58）	
a_e=1.5	y（-5）～（5）	
v=120	z（30）～（65）	
f=80	a（0）～（360）	

刀路形式		
风扇叶片曲面精铣： 等距往复行切叶片两侧曲面		
刀具：$\phi4$ 球头铣刀		
切削参数	刀路范围	
a_p=0.3	x（-35）～（-58）	
a_e=0.3	y（-5）～（5）	
v=120	z（30）～（65）	
f=80	a（0）～（360）	

五　最终产品的检测

（1）根据零件图纸技术要求，查阅资料填写表6-5。

表6-5　风扇量具选择表

序号	内容	拟选量具	其他可用量具
1	六边形外廓		
2	U字形外廓		
3	C字形外廓		
4	U字形内廓		
5	C字形凸台内廓		
6	T字形型腔内廓		

任务六

续表

序号	内容	拟选量具	其他可用量具
7	T字形型腔、U字形凸台、C字形外廓深度		
8	ϕ4mm 孔径		
9	ϕ4mm 孔距		
10	叶片法向厚度		
11	叶片底面直径		
12	叶片底面对 ϕ20mm 孔同轴度		

（2）请简述芯轴在卡盘机床上安装的要求。

拟订计划

一　工艺计划

零件名称：		学生姓名：		日期：		教师签字确认：					
序号	工序名称	工序内容	刀具	切削参数			设备	工艺装备	量具	工时（h）	
				V_c（m/min）	n（r/min）	a_p（mm）					

任务六

二 试切调试

加工程序信息清单										
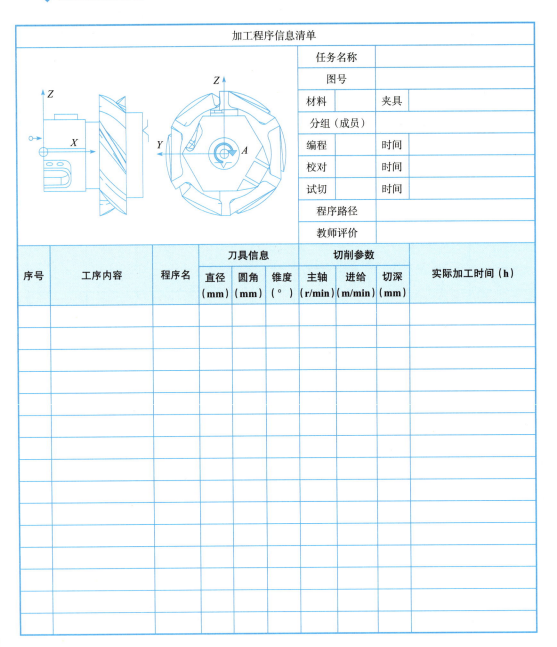				任务名称							
				图号							
				材料		夹具					
				分组（成员）							
				编程		时间					
				校对		时间					
				试切		时间					
				程序路径							
				教师评价							
序号	工序内容	程序名	刀具信息			切削参数			实际加工时间（h）
			直径(mm)	圆角(mm)	锥度(°)	主轴(r/min)	进给(m/min)	切深(mm)	

三　审核改进

工艺计划审核			
工序划分	合理：□ 不合理：□	改进措施：	
刀具选择	合理：□ 不合理：□	改进措施：	
切削参数	合理：□ 不合理：□	改进措施：	
设备选择	合理：□ 不合理：□	改进措施：	
工艺装备	合理：□ 不合理：□	改进措施：	
量具选择	合理：□ 不合理：□	改进措施：	
工时划分	合理：□ 不合理：□	改进措施：	
加工程序审核			

教师确认签字：＿＿＿＿＿＿

注：教师签字后方可进入下一步。

任务六

任务实施

一　实操准备

设备准备单				
序号	数量	名称	规格	备注

量具准备单				
序号	数量	名称	规格	备注

任务六

刀具准备单				
序号	数量	名称	规格	备注

工具准备单				
序号	数量	名称	规格	备注

任务六

二 要点提示

步骤	图示	技术提示
1.安装工件		（1）确保毛坯端面与芯轴端面贴合； （2）将毛坯装入芯轴时，上下移动检验配合间隙是否合适； （3）螺钉拧紧后测试工件是否松动
2.模型3D测量		（1）根据毛坯与零件分析各处余量厚度； （2）分析模型轮廓壁厚，找到结构薄弱位置为后续编程作参考
3.检查刀柄与数控转台的干涉情况		（1）设定零点以后，在机床上手动将刀柄移至工件尾端，判断刀具在X、Z向是否与数控转台干涉； （2）控制刀具悬伸长度以确保加工时刀具的夹持刚性
4.验证夹具是否影响切削		（1）设定零点以后，在机床上手动转运刀柄，判断刀具Z向行程极限是否符合要求； （2）确保芯轴在转台上的夹持刚性和稳固程度
5.针对薄壁结构选取合适的刀轨		（1）零件上的U字形凸台薄壁结构精加工刀具轨迹需要采用切向进给； （2）粗加工后除检测精加工余量是否正确以外，还需要测量零件变形量

任务实施记录

1. 记录内容参考

（1）实操过程中遇到的问题或出现的失误、个人总结以及影像资料（照片 / 视频）等。

（2）其他。

2. 实施记录目的

（1）帮助个人进行知识回顾。

（2）任务结束后的评价展示环节，帮助个人进行内容回顾，提供影像资料，丰富展示汇报内容。

任务实施	备注

任务六

评价与展示

知识目标	➤ 掌握专业术语的描述与专业会话； ➤ 了解常用办公软件的应用； ➤ 了解成本核算； ➤ 了解如何进行结构优化
能力目标	➤ 能够对个人客观总结评价； ➤ 能够使用 PPT 软件制作图片、动画等； ➤ 能够运用专业术语与他人交流； ➤ 能够对机械结构整体方案进行分析优化

一 方案策划

结合个人任务实施过程中遇到的问题，从以下几个方面进行作品展示和总结，可以是个人展示（2～3min），也可以是小组团体展示（5min 以上）。

✓ 学习收获

✓ 成本核算

✓ 结构优化（您认为本作品有哪些可改进的地方）

✓ 利用多媒体手段

展示方案大纲	备注

 二 评分表

工作页检查		标准：采用 10-9-7-5-3-0 分制给分	
序号	检查项目	教师评分	备注
1	问题导入完成度		
2	工作计划完成度		
分数合计			

实施检查		标准：采用 10-9-7-5-3-0 分制给分	
序号	检查项目	教师评分	备注
1	实施过程 6S 规范		
2	安全操作文明生产		
3	任务实施经济成本		
分数合计			

产品目检			标准：采用 10-9-7-5-0 分制给分	
序号	零件名称	检查项目	教师评分	备注
1	风扇	铣削表面质量是否符合专业要求		
2	风扇	加工特征是否符合图纸要求		
分数合计				

尺寸检查			标准：采用 10 或 0 分制给分						
序号	零件名称	检查项目	学生自评			教师测评			教师评分记录
			实际尺寸	达到要求		实际尺寸	达到要求		
				是	否		是	否	
1	风扇	$11^{+0.03}_{0}$							
2	风扇	$17^{+0.02}_{0}$							
3	风扇	$\phi 12.5^{+0.03}_{0}$							
4	风扇	$\phi 18^{0}_{-0.03}$							
5	风扇	46.77							
6	风扇	$6-2.3^{0}_{-0.03}$							
7	风扇	18							
8	风扇	5 ± 0.3							
9	风扇	$\phi 18^{0}_{-0.03}$							
分数合计									

评价与展示		标准：采用 10-9-7-5-3-0 分制给分	
序号	检查项目	教师评分	备注
1	汇报形式		
2	专业知识的体现		
3	结构优化方案		
4	专业会话		
分数合计			

任务六

三 成绩汇总

序号	检查项目	小计	百分制除数	得分（100分）	权重系数	小计	总成绩
1	工作页检查		0.2		0.1		
2	实施检查		0.3		0.1		
3	产品目检		0.2		0.2		
4	尺寸检查		0.3		0.5		
5	评价与展示		0.4		0.1		

四 评估分析

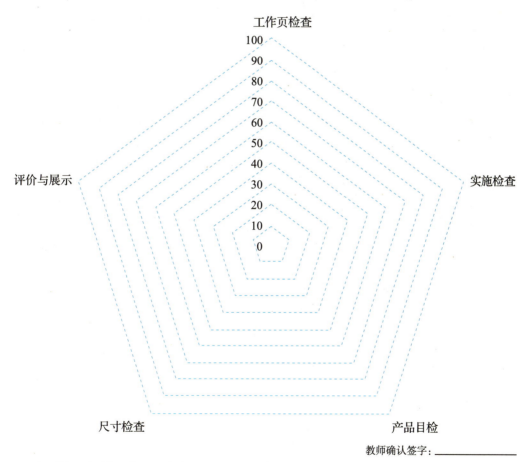

教师确认签字：_____

注：教师签字后方可进入下一任务。

任务六

主要任务解析

一 工艺分析

零件名称：风扇零件		学生姓名：		日期：			教师签字确认：				
序号	工序名称	工序内容	刀具	切削参数			设备	工艺装备	量具	工时（h）	
				V_c（m/min）	n（r/min）	a_p（mm）					
1	工件安装	找正芯轴，安装工件								0.25	
2	粗铣二维外廓	粗精铣六边形、C字形外廓、U字形外廓，余量0.5mm	φ12mm立铣刀	100	2 650	10	CMX 600Vc	φ20mm芯轴	卡尺0～150	0.6	
3	粗铣内廓	粗铣C字形内廓、U字形内廓，余量0.5mm	φ10mm立铣刀	100	3 400	5	CMX 600Vc	φ20mm芯轴	卡尺0～150	0.3	
4	粗铣T字形型腔	粗铣T字形型腔，余量0.35mm	φ5mm球铣刀	100	6 500	5	CMX 600Vc	φ20mm芯轴	卡尺0～150	0.2	
5	粗铣叶片	粗铣叶片，余量0.3mm	φ10mm立铣刀	100	3 400	5	CMX 600Vc	φ20mm芯轴	卡尺0～150	0.8	
6	精铣二维轮廓	精铣C字形内外廓、U字形内外廓至图纸尺寸	φ10mm立铣刀	100	3 400	0.5	CMX 600Vc	φ20mm芯轴	千分尺0～25千分尺25～50	0.2	
7	精铣T字形型腔	精铣T字形型腔至图纸尺寸	φ5mm球铣刀	110	7 000	0.35	CMX 600Vc	φ20mm芯轴	深度千分尺0～25	0.4	
8	精铣叶片	精铣叶片侧面、精铣叶片底面至图纸尺寸	φ4mm球铣刀	110	7 000	0.3	CMX 600Vc	φ20mm芯轴	薄壁千分尺0～25	1.2	
9	钻孔	钻φ4mm孔	φ4mm麻花钻	30	2 000	2	CMX 600Vc	φ20mm芯轴	φ4塞规	0.1	
10	钳工	去飞边	组锉、油石				钳工台	钳工台钳		0.1	
11	检测	检测形位精度					偏摆仪	φ20mm芯轴	百分表万用表架	0.2	

二　试切调试

<table>
<tr><td colspan="6" align="center">加工程序信息清单</td></tr>
<tr><td colspan="3" rowspan="6">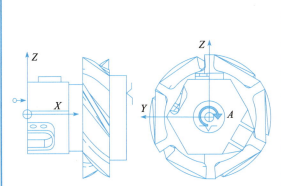</td><td colspan="2" align="center">任务名称</td><td>风扇零件的加工</td></tr>
<tr><td colspan="2" align="center">图号</td><td></td></tr>
<tr><td align="center">材料</td><td>6061</td><td>夹具</td><td>φ20mm 芯轴</td></tr>
<tr><td colspan="2" align="center">分组（成员）</td><td></td></tr>
<tr><td align="center">编程</td><td></td><td>时间</td><td></td></tr>
<tr><td align="center">校对</td><td></td><td>时间</td><td></td></tr>
</table>

任务名称	风扇零件的加工
试切	时间
程序路径	
教师评价	

序号	工序内容	程序名	直径（mm）	圆角（mm）	锥度（°）	主轴（r/min）	进给（m/min）	切深（mm）	实际加工时间（h）
			刀具信息			切削参数			
1	粗铣二维外廓		12	0	0	2 650	500	10	
2	粗铣内廓		10	0	0	3 400	700	5	
3	粗铣 T 字形型腔		5	2.5	0	6 500	800	5	
4	粗铣叶片		10	0	0	3 400	600	5	
5	精铣二维轮廓		10	0	0	3 400	400	0.5	
6	精铣 T 字形型腔		5	2.5	0	7 000	400	0.35	
7	精铣叶片		4	2	0	7 000	450	0.3	
8	钻孔		4	0	0	2 000	200	2	

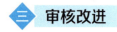

三 审核改进

工艺计划审核			
工序划分	合理：□	改进措施：	
	不合理：□		
刀具选择	合理：□	改进措施：	
	不合理：□		
切削参数	合理：□	改进措施：	
	不合理：□		
设备选择	合理：□	改进措施：	
	不合理：□		
工艺装备	合理：□	改进措施：	
	不合理：□		
量具选择	合理：□	改进措施：	
	不合理：□		
工时划分	合理：□	改进措施：	
	不合理：□		
加工程序审核			

教师确认签字：_____

注：教师签字后方可进入下一步。

任务六

拓展知识

高速加工及其应用

高速加工（High Speed Cutting）的概念早在 1931 年就由德国卡尔·所罗门（Carl Salomon）博士提出并获得专利。高速加工于 20 世纪 80 年代进入了一个高速发展时期，20 世纪 90 年代在制造业广泛应用。它是一种先进的金属切削加工技术，由于可以大大提高切削率和加工精度，又称为高性能加工，多用于铣削。高速加工是一个相对概念，对其含义目前尚无统一的认识，通常有以下几种观点：切削速度很高，超过普通切削的 5 ～ 10 倍；机床主轴转速很高，一般在 10 000 ～ 20 000r/min 以上，最高达到 150 000r/min 以上；进给速度很高，通常在 15 ～ 50m/min 以上，最高可达 90m/min 以上。一般认为，高速加工的机床不仅指要有高的主轴转速、与主轴转速相匹配的高进给速度，还必须具备高的进给速度。

目前美国和日本大约有 30% 的企业已经使用高速加工，德国有 40% 以上的企业使用高速加工。随着汽车、航空航天等工业用轻合金材料等的广泛应用，高速加工已成为制造技术的重要发展趋势。

综上所述，高速加工相对常规加工方式具有如下优点：

（1）提高生产率。

（2）改善工件的加工精度和表面质量。

（3）实现整体结构零件的加工。

（4）有利于使用较小的刀具加工。

（5）有利于加工薄壁零件和高强度、高硬度的脆性材料。

一　高速加工应用的主要领域

1. 航空工业及其零件产业

航空工业是最先采用高速加工的行业，飞机上的零件通常采用"整体制造法"，即在整体上"掏空"加工以形成多筋薄壁件，零件精度要求高、结构复杂、金属切除量大，这些正是高速加工的用武之地。

2. 模具制造业

模具制造业也是高速加工应用的重要领域，模具型腔加工过去一直为电加工所垄断，加工效率低。高速加工切削力小，可铣削淬硬模具钢，加工表面粗糙度值又很小，因此可以完全替代电加工对模具进行加工，大大提高加工效率，缩短加工周期。

3. 汽车工业

汽车工业是高速加工的又一应用领域。汽车发动机箱体、气缸盖以往多采用组合机床加工，缺点是无法适应零件快速变化的需求。目前可以用高速加工中心完成技术变化较快的汽车零件加工。

二　高速加工工艺系统

通常我们讲的加工工艺系统包含了金属切削机床、刀具、夹具和工件四部分，数控高速加工还需要考虑 CAD/CAM 软件等因素，随着上述行业和其他制造行业的升级发展，人们对产品的个性化、高精度等要求越来越高，对数控加工技术提出了更高要求，同时也推动了工艺系统各要素的不断升级。

1. 高速加工刀具系统

由于高速加工时离心力和振动的影响，要求刀具具有很高的几何精度和装夹重复定位精度以及很高的刚度和高速动平衡的安全可靠性。由于高速加工时具有较大的离心力和振动幅度等，传统的 7∶24 锥度刀柄系统在进行高速加工时表现出明显的刚性不足、重复定位精度不高、轴向尺寸不稳定等缺陷，主轴的膨胀引起刀具及夹紧机构质心的偏离，影响刀具的动平衡能力。目前应用较多的是 HSK 高速刀柄和国外现今流行的热胀冷缩紧固式刀柄。热胀冷缩紧固式刀柄有加热系统，刀柄一般都采用锥部与主轴端面接触，刚性较好，但是刀具可换性较差，一个刀柄只能安装一种连接直径的刀具。由于此类刀柄的加热系统比较昂贵，在初期时采用 HSK 高速刀柄系统即可。当企业的高速机床数量超过 3 台时，采用热胀冷缩紧固式刀柄比较合适。

刀具是高速加工时的重要因素之一，它直接影响着加工效率、制造成本和产品的加工精度。刀具在高速加工过程中要承受高温、高压、摩擦、冲击和振动等，高速加工刀具应具有良好的机械性能和热稳定性，即具有良好的抗冲击、耐磨损和抗热疲劳的特性。高速加工的刀具技术发展速度很快，应用较多的有金刚石（PCD）刀具、立方氮化硼（CBN）刀具、陶瓷刀具、涂层硬质合金刀具、（碳）氮化钛硬质合金 TIC（N）刀具等。

在加工铸铁和合金钢的切削刀具中，硬质合金是最常用的刀具材料。硬质合金刀具耐磨性好，但硬度比立方氮化硼和陶瓷刀具低。为提高硬度和表面光洁度，采用刀具涂层技术，涂层材料为氮化钛（TiN）、氮化铝钛（TiAlN）等。涂层由单一涂层发展为多层、多种涂层材料的涂层，涂层技术已成为提高高速加工能力的关键技术之一。

高速加工刀具应按动平衡设计制造。刀具的前角比常规刀具的前角要小，后角略大。主、副切削刃连接处应修圆或倒角，以增大刀尖角，防止刀尖处热磨损。应加大刀尖附近的切削刃长度和刀具体积，提高刀具刚性。在保证安全和满足加工要求的条件下，刀具悬伸尽可能短，刀体中央韧性要好。刀柄比较粗，连接柄呈倒锥状，以增加其刚性。尽量在刀具及刀具系统中央留有冷却液孔。球头立铣刀要考虑有效切削长度，刃口要尽量短，两凸轮槽球头立铣刀通常用于粗铣复杂曲面，四凸轮槽球头立铣刀通常用于精铣复杂曲面。

2. CAM 软件刀路设计

高速加工对数控系统的要求越来越高，价格昂贵的高速加工设备对软件提出了更高的安全性和有效性要求。高速加工有着比传统加工特殊的工艺要求，除要有高速加工机床和高速加工刀具外，具有合适的 CAM 软件也是至关重要的。数控加工的数控指令包含了所有的工艺过程，一个优秀的高速加工 CAM 软件应具有很高的计算速度、较强的插补功能、全程自动防过切检查及处理能力、自动刀柄与夹具干涉检查能力、进给率优化处理功能、待加工轨迹监控功能、刀具轨迹编辑优化功能和加工残余分析功能等。高速加工编程首先要注意加工方法的安全性和有效性；其次，要尽一切可能保证刀具轨迹光滑平稳，这会直接影响加工质量和机床主轴等零件的寿命；最后，要尽量使刀具载荷均匀，这会直接影响刀具的寿命。

（1）CAM 软件应具有很高的计算速度。

高速加工中采用非常小的进给量与切深，其 NC 程序比传统数控加工程序要大得多，因而要求软件计算速度快，以节省刀具轨迹编辑和程序运行的时间。

（2）CAM 软件具有全程自动防过切检查及处理能力、自动刀柄与夹具干涉检查能力。

高速加工以传统加工近 10 倍的切削速度进行加工，一旦发生过切对机床、产品和刀具将产生灾难性的后果，所以要求 CAM 软件必须具有全程自动防过切检查及处理能力和自动刀柄与夹具干涉检查能力，能够自动提示最短夹持刀具长度，并自动进行刀具干涉检查。

（3）CAM 软件具有丰富的高速加工刀具轨迹策略。

高速加工对加工工艺走刀方式有着特殊要求，为了能够确保最大的切削效率，又保证高速加工时的安全性，CAM 软件应能根据加工瞬时余量的大小自动对进给率进行优化处理，能自动进行刀具轨迹编辑优化、加工残余分析，并对待加工轨迹进行监控，以确保高速加工刀具受力状态的平稳性，提高刀具的使用寿命。

采用高速加工设备之后，对编程人员的需求量将会增加，因高速加工工艺要求严格，过切保护更加重要，故需花更多的时间对 NC 程序进行仿真检验。一般情况下，高速加工编程时间比一般加工编程时间要长得多。为了保证高速加工设备足够的使用率，需配置更多的 CAM 人员。现有的 CAM 软件，如 PowerMill、Mastercam、UG NX、Cimatron 等都提供了相关功能的高速加工刀具轨迹策略。

3. 高速加工机床

高速加工技术是切削加工技术的主要发展方向之一，它随着 CNC 技术、微电子技术、新材料和新结构等基础技术的发展而迈上更高的台阶。由于模具加工的特殊性以及高速加工技术自身的特点，对模具高速加工的相关技术及工艺系统（加工机床、数控系统、刀具等）提出了比传统模具加工更高的要求。

（1）高稳定性的机床支承部件。

高速加工机床的床身等支承部件应具有很好的动、静刚度，热刚度和最佳的阻尼特性。大部分机床都采用高质量、高刚性和高抗张性的灰铸铁作为支承部件材料，有的机床公司还在底座中添加高阻尼特性的聚合物混凝土，以增加其抗振性和热稳定性，这不但可保证机床精度，也可防止切削时刀具振颤。采用封闭式床身设计，整体铸造床身，对称床身结构并配有密布的加强筋等也是提高机床稳定性的重要措施。一些机床公司的研发部门在设计过程中，还采用模态分析和有限元结构计算等，优化了结构，使机床支承部件更加稳定可靠。

（2）机床主轴。

高速加工机床的主轴性能是实现高速加工的重要条件。高速加工机床主轴的转速范围为 10 000～100 000r/min，主轴功率大于 15kW。通过主轴压缩空气或冷却系统控制刀柄和主轴间的轴向间隙不大于 0.005mm。还要求主轴具有快速升速、在指定位置快速准停的性能（即具有极高的角加减速度），因此高速主轴常采用液体静压轴承式、空气静压轴承式、热压氮化硅（Si_3N_4）陶瓷轴承磁悬浮轴承式等结构形式。润滑多采用油气润滑、喷射润滑等技术。主轴冷却一般采用主轴内部水冷或气冷。

（3）驱动系统。

对于小直径刀具，提高转速和每齿进给量有利于减轻刀具磨损。目前常用的进给速度范围为 20～30m/min，如采用大导程滚珠丝杠传动，进给速度可达 60m/min；采用直线电机则可使进给速度达到 120m/min。对三维复杂曲面轮廓的高速加工要求驱动系统具有良好的加速度特性，具备高速进给的驱动器（快进速度约为 40m/min，3D 轮廓加工速度为 10m/min），能够提供 0.4～10m/s^2 的加速度和减速度。

机床制造商大多采用全闭环位置伺服控制的小导程、大尺寸、高质量的滚珠丝杠或大导程多头丝杠。随着电机技术的发展，先进的直线电机已经问世，并成功应用于 CNC 机床。先进的直线电机驱动使 CNC 机床不再有质量惯性、超前、滞后和振动等问题，加快了伺服响应速度，提高了伺服控制精度和机床加工精度。

（4）数控系统。

高速的数控处理主机包括 32 位或 64 位并行处理器及 1.5GB 以上的硬盘，具有极短的直线电机采样时间、前馈控制功能、先进的插补算法、预处理能力、误差补偿功能和高速数据传输能力。

（5）冷却润滑。

高速加工采用带涂层的硬质合金刀具，在高速、高温的情况下不用切削液，切削效率更高。这是因为：主轴高速旋转，切削液若要达到切削区，首先要克服极大的离心力；即使它克服了离心力进入切削区，也可能由于切削区的高温而立即蒸发，冷却效果很小甚至没有；同时切削液会使刀具刃部的温度剧烈变化，容易导致裂纹的产生，所以要采用油 / 气冷却润滑的干式切削方式。这种方式可以用高压气体迅速吹走切削区产生的切屑，从而将大量的切削热带走，同时经雾化的润滑油可以在刀具刃部和工件表面形成一层极薄的微观保护膜，有效地延长刀具寿命并提高零件的表面质量。

任务六

附录　综合评价

模块	任务 1	任务 2	任务 3	任务 4	任务 5	任务 6	总成绩
成绩							

根据个人模块成绩，手绘柱形统计图。

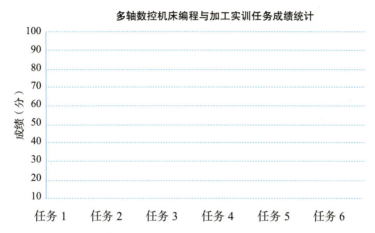

多轴数控机床编程与加工实训任务成绩统计

结合自身任务完成情况，撰写个人工作总结（心得体会）。

_____

_____

_____

_____

_____

_____

_____

_____

_____

_____

_____